MIX
Papier aus verantwortungsvollen Quellen
Paper from responsible sources
FSC® C105338

Haftungsausschluss:
Die Ratschläge im Buch sind sorgfältig erwogen und geprüft. Alle Angaben in diesem Buch erfolgen ohne jegliche Gewährleistung oder Garantie seitens des Autors und des Verlags. Die Umsetzung erfolgt ausdrücklich auf eigenes Risiko. Eine Haftung des Autors bzw. des Verlags und seiner Beauftragten für Personen-, Sach- und Vermögensschäden oder sonstige Schäden, die durch die Nutzung oder Nichtnutzung der Informationen bzw. durch die Nutzung fehlerhafter und/oder unvollständiger Informationen verursacht wurden, ist ausgeschlossen. Verlag und Autor übernehmen keine Haftung für die Aktualität, Richtigkeit und Vollständigkeit der Inhalte und ebenso nicht für Druckfehler. Es kann keine juristische Verantwortung und keine Haftung in irgendeiner Form für fehlerhafte Angaben und daraus entstehende Folgen vom Verlag bzw. Autor übernommen werden.

Sollte diese Publikation Links auf Webseiten Dritter enthalten, so übernehmen wir für deren Inhalte keine Haftung, da wir uns diese nicht zu eigen machen, sondern lediglich auf deren Stand zum Zeitpunkt der Erstveröffentlichung verweisen.

Bibliografische Informationen der Deutschen Nationalbibliothek
Die Deutsche Nationalbibliothek verzeichnet diese Publikation in der Deutschen Nationalbibliografie; detaillierte bibliografische Daten sind im Internet über http://dnb.dnb.de abrufbar.

1. Auflage 2024
© 2024 by Remote Verlag, ein Imprint der Remote Life LLC, Oakland Park, US
Alle Rechte vorbehalten. Vervielfältigung, auch auszugsweise, nur mit schriftlicher Genehmigung des Verlages.

Projektmanagement: Melanie Krauß
Lektorat und Korrektorat: Stefanie Aust, Markus Czeslik, Luise Hartung
Umschlaggestaltung: Viktoria Bühling - Covered in Colours Buchdesign
Satz und Layout: Zarka Bandeira
Abbildungen im Innenteil: © Thorsten Donat

ISBN Print: 978-1-960004-05-5
ISBN E-Book: 978-1-960004-06-2

www.remote-verlag.de

Thorsten Donat

ENTSPANNTE
LEADER
FÜHREN BESSER

Wie gesunde Führung zu mehr
Resilienz und Leistungsfähigkeit führt

INHALT

Vorwort	9
Einleitung	12
Gebrauchsanweisung für dieses Buch	16
Stressbewältigung, Resilienz und positive Psychologie	18
Stress	20
Resilienz	28
Positive Psychologie	31
Der Start in den Tag	36
Arbeitswelt und Gefühle	50
Den Energiespeicher immer wieder füllen	62
Ein Teller voller Gesundheit	74
Innere Antreiber und Glaubenssätze	89

Gedanken und Gefühle stärken	98
Körper und Arbeit	110
Rituale zum Ausklang	118
Umsetzung, die Hürden anpassen	126
Einleitung für den zweiten Teil	131
Ohne Vertrauen geht nichts	134
Vertrauen aufbauen – leichter gesagt als getan	143
Von Mensch zu Mensch	152
Psychologische Sicherheit, der Erfolgsfaktor Nummer eins	167
Das Positive bewusst machen und aufblühen lassen	183
Wirksam sein	195
Sicherheit durch Gemeinschaft	204
Sinn und Sinnlichkeit	211

Erfolge sichtbar machen	217
Selbstreflexion und Fragen	224
Sinnstiftende Gespräche führen	232
Schwierigkeiten und Kommunikation	243
Abschlussbemerkung	252
Über den Autor	254
Quellenangaben	256

VORWORT

Als Führungskraft ist man im Beruf für vieles verantwortlich: Personal und Teambuilding, Innovation und Erfolg, Budget und Wirtschaftlichkeit, Marketing und Kommunikation u. v. m.

Dies gilt auch für die Medizin und für die Tätigkeit im Gesundheitswesen, in dem ich nun über mehr als 15 Jahre tätig bin. Das Problem dabei: Für die ureigene Kernkompetenz, in meinem Fall z. B. Medizin und Chirurgie, ist man in der Regel exzellent ausgebildet worden. Für die viele anderen oben genannten Fähigkeiten, auch »skills« genannt, bekommt man in der Regel während der Ausbildung kaum Hilfestellung bzw. Kenntnisse vermittelt.

Hinzukommt, dass man, je höher man auf der Karriereleiter steigt, potenziell immer schwerwiegendere Entscheidungen treffen muss: für das Unternehmen, für Mitarbeiter und ggf. sogar für sich selbst. Im schlimmsten Fall kommt es zu einer Krise, die man bewältigen will, muss und aus der man im besten Fall gestärkt hervorgehen möchte. Spätestens hier kommt Resilienz ins Spiel, also die individuelle Widerstandskraft, emotionale Stabilität und Selbstführung in der Rolle als Führungskraft.

»It's all about people«, hat ein CEO einer weltweit operierenden Firma einmal gesagt. Das kann ich uneingeschränkt bestätigen. Mitarbeiter finden, ermutigen, unterstützen und inspirieren, das sind wichtige Kompetenzen, insbesondere in der Medizin, in der im Rahmen der Patientenversorgung viele Ausnahmesituationen erlebt und begleitet werden müssen. Die Entwicklung und der Erhalt der Resilienz von Mitarbeitern ist elementarer Bestandteil im Verantwortungsbereich von Führungskräften.

Das Buch »Entspannte Leader führen besser« von Thorsten Donat bietet hierbei einen umfassenden Einblick in die Bedeutung von Resilienz für Menschen und insbesondere Führungskräfte. Der Autor erklärt anschaulich, wie achtsames Agieren dabei helfen kann, mit den Herausforderungen des beruflichen Alltags umzugehen und erfolgreich zu bleiben.

Die Stärke des Buches liegt in der Verknüpfung von theoretischem Wissen mit vielen praktischen Anwendungen. Es werden verschiedene Strategien vorgestellt und anhand von Fallbeispielen aus der Führungspraxis veranschaulicht. Dadurch wird deutlich, wie Führungskräfte ihre eigene Resilienz stärken und gleichzeitig damit ihre Teams unterstützen können. Ein weiterer großer Pluspunkt des Buches ist die klare und verständliche Sprache. Auch komplexe Konzepte werden gut erklärt, sodass das Buch sowohl für erfahrene Führungskräfte als auch für Einsteiger geeignet ist. Zudem ist der Schreibstil angenehm und leicht zu lesen.

Insgesamt ist »Entspannte Leader führen besser« ein sehr empfehlenswertes Buch für Menschen, die ihre Resilienz und ihre Führungskompetenzen verbessern möchten. Es bietet einen guten Überblick über das Thema und liefert praktische Anregungen. Thorsten Donat, den ich persönlich kenne und sehr schätze, hat mit diesem Werk eine wichtige Lücke in der Aus- und Weiterbildung geschlossen. Ich wünsche allen Leser viel Freude beim Lesen!

Danke Dir dafür, lieber Thorsten!

Prof. Dr. med. Dittmar Böckler
Universitätsklinikum Heidelberg

EINLEITUNG

Fragt man die Deutschen, was sie sich selbst und ihren Liebsten wünschen, so landet eine Antwort regelmäßig auf Platz eins der Liste: Gesundheit. Während der Pandemie tönte es selbst aus den Lautsprechern der Deutschen Bahn immer wieder: »Bleiben Sie gesund!« Die Gesundheit liegt uns anscheinend tatsächlich am Herzen. Aber was tun wir selbst dafür? Ja, die Industrie für Nahrungsergänzungsmittel boomt. Auch Fitnesskurse sowie andere sportliche Freizeitaktivitäten werden regelmäßig belegt. Doch viele einfache Dinge, die wir schnell in unseren Alltag integrieren könnten, vergessen wir häufig.

Bevor wir allerdings schauen, an welchen kleinen Hebeln wir drehen können, um mehr für uns und unsere Gesundheit zu tun, gilt es zu definieren, was Gesundheit eigentlich ist. Krank oder gesund, das sind die beiden Attribute, die wir in diesem Zusammenhang nutzen. Heißt das also: Entweder ich bin krank oder ich bin gesund? Ist Gesundheit das positive Gegenstück zu Krankheit? Die Weltgesundheitsorganisation (WHO) liefert hierzu folgende Definition: »Gesundheit ist ein Zustand vollständigen körperlichen, seelischen und sozialen Wohlbefindens und nicht nur das Freisein von Krankheit oder Gebrechen.«[1] Jetzt können wir lange darüber philosophieren oder diskutieren, ob dieser Zustand je erreichbar sein wird, denn »vollständig« klingt schon sehr ambitioniert, aber darum soll es hier nicht gehen. Zwei Kernaussagen dieser

Definition sind für mich allerdings elementar. Zum einen, dass Gesundheit mehr ist als die Abwesenheit von Krankheit. Zum anderen, dass sie sowohl in körperlichen als auch in seelischen und sozialen Aspekten Relevanz besitzt.

Eine gute Gesundheit ermöglicht uns die aktive Teilnahme und Gestaltung eines selbstbestimmten Lebens. Nur wenn ich gesund bin, kann ich die Dinge tun, die mir am Herzen liegen, mein Leben gestalten und einen konkreten Einfluss auf meine Umwelt nehmen. Gesundheit ist also quasi die Grundvoraussetzung dafür, dass ich mein Leben so lebe, wie es mir, unter den gegebenen Umständen, möglich ist.

Das Zitat »Gesundheit ist nicht alles, aber ohne Gesundheit ist alles nichts« von Arthur Schopenhauer können vor allem diejenigen gut nachempfinden, die selbst schon einmal durch gesundheitliche Einschränkungen aus der Bahn geworfen wurden. Dann merken wir ganz schnell, wie wichtig Gesundheit ist. All die Dinge, die uns sonst Spaß gemacht haben, verlieren ihren Glanz. Das, was uns leicht von der Hand gegangen ist, fällt plötzlich schwer. Sich selbst zu motivieren kostet Kraft, ganz davon zu schweigen, andere zu inspirieren. Krank sein bedeutet, dass Energie, die wir ansonsten für das Gestalten des Alltags zur Verfügung hatten, fehlt. Einfache Aufgaben werden zur Herausforderung.

Nur wenn ich genügend Energie zur Verfügung habe, werde ich meine Arbeit so erledigen, wie es mir möglich ist. Gesundheit ist auch die Grundvoraussetzung dafür, das eigene Arbeitsumfeld mitzugestalten und Aufgaben nach bestem Wissen und Können anzupacken. Nur wer körperlich und geistig dazu in der Lage ist, kann seinen Anteil zum Erfolg des Unternehmens beitragen. Um sich gesund zu fühlen, gilt es also, sowohl auf die körperlichen als auch die seelischen Aspekte zu achten. Und diese beiden Bereiche kann ich aktiv unterstützen. Eine gute Ernährung hilft dabei, sich körperlich gesund zu halten, genauso wie regelmäßige Erholungsphasen und Bewegung. Meine Sicht auf die Welt und mein Denken über andere Menschen prägen mein seelisches Wohlbefinden. Aber es gibt noch weitere Ansatzhebel für die eigene Gesundheit und das gesunde und konstruktive Miteinander. Um all diese Aspekte geht es in diesem Buch.

Der Schwerpunkt des Buches liegt im ersten Teil auf den Bereichen Stressbewältigung und Resilienz. Hier habe ich eine ganze Reihe von erprobten Methoden zusammengestellt, die es ermöglichen, besser mit äußeren und inneren Herausforderungen umzugehen. **Wenn Sie selbst etwas für Ihre Gesundheit und Widerstandsfähigkeit unternehmen, unterstützen Sie auch Ihre Mitarbeitenden. Gabriella Rosen Kellermann und Martin Seligman fanden heraus, dass resiliente Führungskräfte positiv abfärben. Ihre Mitarbeitenden sind im Durchschnitt 50 Prozent weniger ausgebrannt und um 30 Prozent produktiver als vergleichbare Menschen in anderen Teams.**[2] Im zweiten Teil geht es dann vor allem um die Methoden, die ich anwenden kann, um Mitarbeitende aktiv zu unterstützen, damit sie sich gesund entfalten können. Hier kommen die Bereiche der psychologischen Sicherheit sowie der wertschätzenden Kommunikation ins Spiel.

Mir hat es immer geholfen, Dinge zu verstehen, um praktische Hilfestellungen von anderen zu akzeptieren und gleichzeitig auch eigene zu entwickeln. Vielleicht liegt dies darin begründet, dass ich als Sohn eines Ingenieurs aufgewachsen bin und meine Spielsachen stets den Härtetest des Auseinandernehmens und erneuten Zusammenbauens durchstehen mussten. Wenn ich verstanden hatte, wie eine Maschine aufgebaut ist, konnte ich sie reparieren oder an meine Bedürfnisse anpassen. So ähnlich sehe ich das auch mit dem Körper, auch wenn ich auf keinen Fall behaupten möchte, unser Körper sei nichts als eine Maschine – ganz im Gegenteil. Doch wenn ich verstehe, welche Aufgaben verschiedene Organe erfüllen und wie sie dies tun, dann kann ich auch nachvollziehen, warum es so wichtig ist, mich an empfohlene Verhaltensweisen zu halten. Da ich mich für ein Medizinstudium zu alt fühlte, habe ich stattdessen vor über zehn Jahren eine Ausbildung zum Heilpraktiker abgeschlossen. Dabei faszinierte mich vor allem das Wissen rund um Körper, Stoffwechsel, Verdauung, Hormonsystem und Reizweiterleitung. Dieses Wissen fließt in dieses Buch mit ein. Um die meist extrem komplexen Vorgänge zu vereinfachen, erlaube ich mir, bildhafte Analogien zu benutzen, die eingängig und so leichter zu durchschauen sind, auch wenn dies bedeutet, dass ich damit keinen Wissenschaftspreis erhalte.

GEBRAUCHSANWEISUNG FÜR DIESES BUCH

Dieses Buch beinhaltet konkrete Tipps und Strategien. Probieren Sie diejenigen aus, die Ihnen zusagen. Gehen Sie mit einer forschenden Neugierde an Veränderungen heran und beobachten Sie aufmerksam, welche Resultate Sie damit erzielen. Versuchen Sie nicht, alles auf einmal umzusetzen, sonst geraten Sie unter Stress. Achten Sie beim Umsetzen darauf, dass die Methode sich gut anfühlt, in Ihren Alltag zu integrieren ist und die Absicht auch zu Ihrem erwünschten Ziel passt. Fühlen Sie sich frei, mit dem Kapitel zu starten, das Ihnen gefällt. Da es kein Roman ist, können Sie problemlos Ihre Reihenfolge des Lesens selbst wählen. Haben Sie Spaß beim Ausprobieren und setzen Sie sich bitte nicht unter Druck, indem Sie bei jedem Tipp einen direkten und schnellen Erfolg voraussetzen.

Wenn es Ihnen nicht gelingen sollte, das, was Sie vom Kopf her als richtig empfinden, in Ihr Leben zu integrieren, dann seien Sie gnädig mit sich selbst. Manchmal ist es gerade nicht der richtige Moment.

Die verwendeten Methoden sind nach bestem Wissen und meiner persönlichen Erfahrung zusammengestellt. Trotzdem kann ich Ihnen keine Garantie geben, dass sie alle auch bei Ihnen greifen. Ich wünsche Ihnen viel Spaß beim Umsetzen.

Beim Verfassen des Buches habe ich mich entschlossen, nicht zu gendern. Mir liegt daran, dass der Lesefluss und die Verständlichkeit erhalten bleiben. Deshalb bitte ich um Verständnis dafür, dass ich nicht immer explizit alle Geschlechterrollen adressiere, aber immer alle meine. Wer mich aus meinen Seminaren und Vorträgen kennt, weiß, wie wichtig mir alle Menschen und deren Gleichbehandlung sind.

STRESSBEWÄLTIGUNG, RESILIENZ UND POSITIVE PSYCHOLOGIE

Wenn es um die psychische Gesundheit geht, dann fallen regelmäßig zwei Begriffe: Stress und Resilienz. Beide Konzepte beziehen sich darauf, wie wir mit herausfordernden Situationen umgehen können, richten sich also auf das Verhalten unter Anspannung. Die Methoden der Stressbewältigung haben das Ziel, in solchen Momenten aktiv dafür zu sorgen, dass die Stressoren nicht oder nicht im bisherigen Ausmaß an einem zehren. Hier liegt der Fokus auf konkreten Verhaltensweisen, um in diesem Moment besser mit Herausforderungen umzugehen. Bei der Resilienz liegt er hingegen stärker auf dem Aufbau der eigenen Ressourcen für die Zukunft. Hier geht es eher um Werkzeuge, die dabei helfen, die Welt als gestaltbar zu erleben. Wie in Bereichen der Persönlichkeitsentwicklung stehen das Entwickeln und Ausbauen der eigenen Widerstandsfähigkeit im Mittelpunkt. Dazu gesellt sich die positive Psychologie, die leicht umsetzbare Impulse bietet, welche auf einem wissenschaftlichen Fundament beruhen. Alle drei werde ich gleich einzeln noch etwas detaillierter beschreiben, aber sie verzahnen sich ideal. Deshalb habe ich mich entschieden, in diesem Ratgeber erprobte Methoden aus allen drei Disziplinen zu verwenden.

Eines haben alle Vorschläge gemein: Sie beruhen auf eigenen Erfahrungen und denen meiner Seminarteilnehmenden bzw. Coachees. Die Wirkungsweisen beruhen auf klaren Prinzipien, die nachvollziehbar sind. Sie sind einfach umsetzbar und man kann sie auch anderen Menschen als Tipp weitergeben.

STRESS

Wir alle kennen Momente, in denen wir uns gestresst fühlen. Und wir alle wissen auch, dass wir in solchen Situationen meist nicht so reagieren, wie wir uns das von uns selbst wünschen. Aber was passiert da eigentlich bei uns und bin ich dem ausgeliefert?

Ich denke, den meisten von uns ist bewusst, dass ein uraltes Programm in uns abläuft. Es folgt einem Schema, das wir als absolut anachronistisch beschreiben würden. Entstanden ist es in Zeiten, als es noch Gefahren durch Säbelzahntiger und ähnliche Tiere gab, die sich gern an zartem Menschenfleisch labten. Damals hatten die Menschen noch keine Waffen, mit denen sie auch aus großer Entfernung ihre Haut retten konnten. Es ging also buchstäblich ums Überleben, und zwar durch die Wahl von Kampf oder Flucht. Man konnte sich zwar auch tot stellen, aber das war eher die unzuverlässigere Wahl. In der Regel überlebten vor allem die Menschen, die besonders gut und effektiv den Kampf- oder Fluchtmodus in ihren Genen hatten. Dies gelang natürlich nur, wenn sie dazu noch gut kämpfen oder schnell rennen konnten. Und diejenigen waren es dann auch, die durch das eigene Überleben die Welt mit eigenen Nachkommen besiedeln konnten. So wurden über Hunderttausende von Jahren, wie bei einer Zucht, diejenigen ausgewählt, deren Stress- und damit Überlebensmodus extrem gut ausgeprägt war. Das genetische

Programm ist tief in uns verankert und die wenigen Generationen, in denen es eher selten um das nackte Überleben ging, hatten noch nicht genug Zeit, unsere Stressantwort auf Bedrohungen zu überschreiben.

So weit, so gut. Aber warum spricht die WHO jetzt davon, dass Stress eine der größten Gesundheitsgefahren des 21. Jahrhunderts ist, wenn das doch eigentlich ein ganz normaler und nützlicher Mechanismus ist?

Das hat vor allem zwei Gründe: Zum einen fühlen wir uns heute deutlich öfter von anderen Menschen, bestimmten Herausforderungen oder auch unseren eigenen Gedanken unter Druck gesetzt. Zum anderen hilft es in den wenigsten dieser Fälle, wenn wir die Flucht ergreifen oder uns körperlich zur Wehr setzen. (Eine kurze Anmerkung: Wenn ich im Folgenden von Stress rede, meine ich damit den Distress, also den negativen Stress.

Es gibt auch Eustress, den Stress, den wir als beflügelnd erleben. Das ist die Art von Stress, die jede Sprinterin kennt, wenn sie im Startblock steht und darauf wartet, losrennen zu können. Oder auch Menschen, die gerade unter Zeitdruck unheimlich effizient werden und dabei ihre besten Resultate erzielen.)

Was also sind die Gefahren, vor denen die Weltgesundheitsorganisation warnt? Dazu gehören neben Herzinfarkt, Schlaganfall und Schlafstörungen auch Tinnitus, Depression und Magengeschwüre. Dies alles sind scheinbar unzusammenhängende Folgen, die jedoch alle auf Stress zurückzuführen sind.

Was passiert demnach, wenn wir unter Stress geraten? Reisen wir in Gedanken noch einmal zurück in die Steinzeit. Damals war es wichtig, dass gerade in stressvollen Momenten in den Muskeln viel Energie ankommt. Das bedeutet, der Blutdruck steigt. Gleichzeitig werden die kleinen Kapillargefäße an den Extremitäten verengt, weil es in einem solchen Augenblick nicht so wichtig ist, ob wir

noch Kunstfertigkeiten mit den Fingern hinbekommen. Dazu ist es bedeutsam, sich bewusst zu machen, dass unser Körper in jedem Moment versucht, so effizient wie möglich mit der zur Verfügung stehenden Energie hauszuhalten. Natürlich gilt das auch für Momente des Stresses.

Die Folgen von Bluthochdruck lassen sich also darauf zurückführen. Warum aber Magengeschwüre? Auch das lässt sich gut erklären. In dem Moment, in dem unsere Vorfahren ihr Leben gerettet haben, war es unwichtig, ob der Magen die Mahlzeit, die in ihm lag, noch weiter verdaute. Diese Energie wurde eingespart und lieber den Muskeln zur Verfügung gestellt. Der Magen produziert aber Salzsäure, um die Eiweiße in der Nahrung aufzuspalten. Wenn ich also etwas gegessen habe, danach aber permanent unter Stress stehe, bleibt die Nahrung im Magen liegen, dieser hat für die Zersetzung eine aggressive Säure produziert. Nur wird über die Dauer der Zeit nicht nur die Mahlzeit, sondern auch die Schleimhaut des Magens angegriffen, und so entstehen nach und nach schließlich Magengeschwüre.

Beim Tinnitus ist es etwas komplizierter. Das hängt damit zusammen, dass unser Körper schnell Dinge kombiniert und sie dann als kompakte Einheit wiederholt. Angenommen, ich stehe unter Stress und durch die Anspannung im Schulter-Nacken-Bereich sowie den hohen Blutdruck entsteht ein Tinnitus. Dann kombiniert der Körper das Hochziehen der Schultern mit dem Pfeifgeräusch. Wenn dies ein paar Mal in Folge so abläuft, wird das zu einer Einheit und beim Hochziehen der Schulter kommt automatisch das Tinnitus-Geräusch hinzu.

Warum Menschen, die glauben, die gestellten Anforderungen nicht oder nur ungenügend bewältigen zu können, unter Schlafstörungen leiden, erklärt sich wohl von selbst. Unser Gehirn hat keinen An- oder Ausschalter. Wenn wir also den ganzen Tag Probleme vor uns herschieben, versucht unser Denkorgan in der Schlafphase diese zu lösen. Denn unser Gehirn ist darauf programmiert, für Probleme Lösungen zu finden. Diese Lösungen sind es auch, die wir dann abspeichern. Geraten wir das nächste Mal in eine vergleichbare Situation, greifen wir auf unsere frühere Lösung zurück. Finde ich also tagsüber keine adäquate Lösung, sucht mein Gehirn nachts nach einer solchen und raubt mir damit Schlaf.

Und Depressionen können sowohl durch das permanente Gefühl der Hilflosigkeit als auch der Bedeutungslosigkeit oder der Kraftlosigkeit ausgeprägt werden. Deshalb gehe ich hier auf diese möglichen Folgen von andauerndem Stress nicht weiter ein.

Was noch fehlt, ist eine weitere Auswirkung des Stresses, bei der unser gesamtes Immunsystem geschwächt wird. Bei Stress wird unsere Immunabwehr (Cortisol) hochgefahren, schließlich könnte es sein, dass man sich beim Rennen eine Wunde zuzieht. Damit diese sich später nicht infiziert, wird während des Kampf- und Fluchtmodus dafür gesorgt, dass Erreger direkt an der Wunde eliminiert werden. Wenn man aber, wie viele Menschen heutzutage, ständig unter Stress steht, ist auch die Immunabwehrreaktion unseres Körpers permanent hochgefahren. Dadurch werden die notwendigen Baustoffe für die Abwehrzellen auf Dauer verbraucht und stehen bei wirklichen Bedrohungen nicht zur Verfügung. Das ist ein Phänomen, das vermutlich viele kennen: Solange man unter Druck steht, funktioniert man und ist leistungsfähig. Aber kaum steht das Wochenende vor der Tür, fühlt man sich geschwächt, hat Migräne oder eine Erkältung. Ich kenne einige Menschen, die die ersten Tage ihres Urlaubs regelmäßig im Bett statt am Badesee oder am Swimmingpool verbringen.

Warum schreibe ich so ausführlich darüber, wie Stress unsere Gesundheit beeinträchtigen kann? Zum einen mag ich es, Dinge zu verstehen, und hoffe, dem ein oder anderen Leser geht es ebenso. Zum anderen ist es wichtig zu wissen, dass man mit seinen Symptomen nicht allein ist, sondern es anderen Menschen genauso geht. Damit kommt man aus der Gedankenspirale heraus, mit einem sei etwas nicht in Ordnung, man würde sich nur anstellen oder ähnliche Gedanken. Viele Menschen leiden unter verschiedenen Auswirkungen von Stress auf ihre Gesundheit. Und dafür muss man sich nicht zusätzlich auch noch selbst die Schuld zuweisen. Das ist übrigens ein Aspekt zum Thema Gesundheit, den ich in meinen Seminaren immer wieder erlebe: Sobald die Teilnehmenden erfahren, dass sie mit ihren Herausforderungen nicht allein sind, sondern es anderen genauso oder ähnlich geht, verringert dies den empfundenen Druck. Sie fühlen sich dann als Teil einer Gemeinschaft und glauben weniger daran, dass mit ihnen etwas nicht stimmt.

Das Thema Stress und der Umgang mit ihm ist mittlerweile recht gut erforscht, auch wenn es immer mal wieder neue Aspekte und Denkanstöße dazu gibt. Ein Mann beschäftigte sich schon früh mit Stress und der Frage, was diesen auslöst: Richard Lazarus. Der Psychologe veröffentlichte bereits 1966 wissenschaftliche Artikel zu diesem Thema[3]. Ihm haben wir auch das sogenannte Lazarus-Stressmodell zu verdanken[4]. Dieses Modell weist auf zwei wesentliche Aspekte hin, die uns auch in diesem Buch immer wieder beschäftigen werden. Zum einen stellte er fest, dass es an der **subjektiven Bewertung** liegt, ob ich eine Situation als stressauslösend empfinde.

Das bedeutet, wenn es gelingt, eine Situation anders zu bewerten, ist es möglich, allein dadurch weniger Stress zu erfahren. Diesen Aspekt kennen wir z. B. aus Gesprächen mit für uns unangenehmen Zeitgenossen. Wenn ich einen Kunden habe, der mich durch seine Art und Weise aus meinem Konzept bringt, fühle ich mich genervt und gestresst, sobald ich ihn nur sehe. Kolleginnen, die diesen Menschen anders bewerten, fühlen sich in der gleichen Situation nicht gestresst. Vielleicht greifen sie auf andere Erfahrungen mit dem Kunden zurück oder finden dessen Art und Weise eher anregend. Auf alle Fälle bewerten sie den Menschen und die Situation mit ihm anders, wodurch sie ein komplett anderes Stresserleben haben. Genau an diesen Stellschrauben können auch wir drehen, um damit mehr für uns und unser Wohlergehen tun zu können.

Zum anderen hat Richard Lazarus herausgearbeitet, dass es an meinen momentan zur Verfügung stehenden **Ressourcen** liegt, ob ich eine Situation als stressig erlebe. Das kennen wir ebenfalls alle nur zu gut. Wenn ich schlecht geschlafen habe, meine Gesundheit beeinträchtigt ist und ich mich zusammenreißen muss, um meine Routineaufgaben zu erledigen, dann genügt eine Kleinigkeit, um

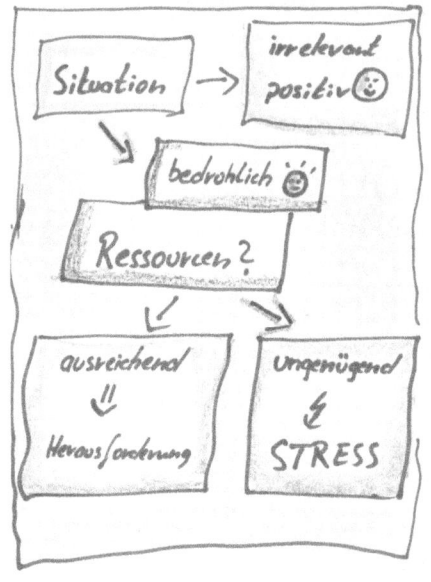

mich buchstäblich explodieren zu lassen. Jeder zusätzliche Druck scheint mir unmöglich zu bewältigen und setzt mich unter Stress. Dadurch stellt sich ein typisches Gefühl ein, das häufig mit Stress einhergeht: das der Ohnmacht oder Hilflosigkeit. Es löst das Gefühl aus, den Umständen ausgesetzt zu sein und nicht mehr agieren zu können, sondern nur ums Überleben zu strampeln. Auch diesen Gedanken kann ich reflektieren, ich kann aber auch vorher dafür sorgen, dass ich meine Reserven immer wieder rechtzeitig auffülle, statt bis zum letzten Rest Energie zu warten. Im Grunde ist das nicht anders als bei einer längeren Reise mit dem Auto in unbekannte Länder. Da würde ich auch nicht fahren, bis ich kaum noch Benzin im Tank habe, sondern rechtzeitig Sorge tragen, dass ich bei passender Gelegenheit nachtanke. Das ist also die zweite Stellschraube, die wir nutzen werden.

Darüber hinaus geht es auch darum, wie wir mit dem umgehen, was Stress im eigenen Körper bewirkt, denn es wird viel Energie bereitgestellt. Das passiert im Körper durch Stoffwechselvorgänge. Diese überschüssige Energie hat jedoch auch unerwünschte Folgen. Deshalb müssen wir die Energie nach Beendigung der Situation, die wir als stressig erlebt haben, abbauen. Hierbei unterscheide ich direkte, kleine Möglichkeiten, die ich auch in den Arbeitsalltag integrieren kann, und diejenigen, die nach Feierabend machbar sind.
Es gibt also drei Stellhebel zum Thema Stressbewältigung:

- Bewertung
- Ressourcen
- Abbau/Umwandlung der Energie

RESILIENZ

Den Begriff der Resilienz als menschliche Eigenschaft gibt es noch nicht so lange wie die Bezeichnung Stress. Als Pionierin gilt Emmy Werner. Sie untersuchte Heranwachsende in einer Langzeitstudie auf Kauai[5]. Dabei stellte sie fest, dass es junge Menschen gab, die trotz schwieriger Ausgangsbedingungen später in der Lage waren, ein gesundes und erfülltes Leben zu führen. Die beobachteten Kinder erlebten in ihrem Alltag Gewalt, Drogenmissbrauch und Arbeitslosigkeit. Aber ca. ein Drittel der Kinder schaffte es später, das eigene Leben ohne Gewalt und Alkohol zu gestalten. Sie führten gute Beziehungen und gaben den eigenen Kindern ein sicheres und stabiles Umfeld. Emmy Werner analysierte, was diese Heranwachsenden auszeichnete. Ein wesentlicher Faktor dabei war eine Bezugsperson, die als Vorbild diente und nicht nur Ratschläge gab, sondern es auch verstand, gut zuzuhören. Jemand, der bewusst machte, dass man nicht allein ist.

Die Fähigkeit der Resilienz bedeutet, sich auch nach Krisen und schwierigen Situationen wieder zu fangen und weiterzugehen. Man könnte umgangssprachlich sagen: »Wenn man hingefallen ist, wieder aufstehen, Krone richten und weiter nach vorn schreiten.« Es geht also nicht darum, dass man nicht hinfällt und nicht auch unangenehme Gefühle aushält, sondern darum, sich davon nicht erdrücken zu lassen. Resiliente Menschen werden eher als sogenannte Stehaufmännchen gesehen. Sie schaffen es immer wieder hochzukommen. Es gibt einige Attribute, die diese widerstandsfähigen Menschen auszeichnen. Auf diese gehe ich im weiteren Verlauf des Buches ein, da es Verhaltens- und Denkweisen sind, die sich lernen lassen. Aber an dieser Stelle soll eine Beschreibung genügen, die ich von Prof. Brigid Daniel in einem Interview gehört habe und die mir außerordentlich gefällt: »ICH HABE Menschen, die mich gern haben und mir guttun. ICH BIN eine liebenswerte Person und respektvoll mir und anderen gegenüber. ICH KANN Wege finden, Probleme zu lösen und mich selbst zu steuern.«

Dieser Dreiklang von Haben, Sein und Können beinhaltet für mich die wesentlichen Aspekte resilienten Lebens. Der erste Punkt umfasst die stützenden Beziehungen, d. h. genau das, was auch Emmy Werner als förderlich erkannt hat. Dies sind Menschen, die ich sinnvoll unterstützen kann und die mir Hilfe und Rat bieten, wenn ich sie benötige. Der zweite Punkt beschreibt Selbstakzeptanz und Selbstliebe als Grundvoraussetzungen resilienter Menschen. Mich selbst wahr- und anzunehmen ist notwendig, damit ich selbst die Kraft aufbringen kann, um mich aufzurichten. Erforderlich sind zudem die Haltung der Lösungsfindung und der Optimismus, um mit den Herausforderungen zielorientiert umgehen zu können, sowie das Vertrauen, dass es einen Weg hinauf gibt und ich ihn finden und gehen kann. Und zuletzt fungiert die Selbstregulation als Hebel, um das eigene Leben aktiv und selbstbestimmt lenken zu können. Es gibt also zahlreiche Stellschrauben, an denen man etwas für sich und damit auch seine Gesundheit und Widerstandsfähigkeit tun kann.

POSITIVE PSYCHOLOGIE

Die Disziplin der Positiven Psychologie ist so richtig in Schwung gekommen durch Prof. Martin Seligman, der diese als Thema seiner Amtszeit als Vorsitzender des Verbandes der amerikanischen Psychologen (American Psychological Association) aufgriff.[6] Positive Psychologie bedeutet aber nicht, alles, was uns passiert, positiv umzudeuten. Von diesen Gedanken der sogenannten toxischen Positivität grenzen sich die Psychologen und die unterschiedlichen Verbände klar ab. Eine Definition für die Positive Psychologie lautet: die Wissenschaft vom gelingenden Leben. Es geht darum, zu prüfen, was Menschen auch in schwierigen Zeiten stützt. Der Fokus wird auf das gerichtet, was Menschen in Krisen Halt und Sinn gibt, nicht jedoch darauf, jedem Ereignis eine positive Bedeutung zu geben. Wenn man Opfer von Gewalt wird oder eine schwere Krankheitsdiagnose erhält, redet die Positive Psychologie dies nicht schön, sondern bietet Möglichkeiten, trotzdem Kraft zu finden, das Leben zu gestalten. Das Besondere bei den Interventionen ist, dass diese alle auf empirisch belegten wissenschaftlichen Untersuchungen beruhen. Da die Psychologie eine Wissenschaft ist, wird hier viel gemessen und es werden Studien betrieben, um evidenzbasierte Werkzeuge zu erhalten. Selbstverständlich gibt es hier zahlreiche Überschneidungen zur Resilienz oder Stressbewältigung, aber gerade die Aspekte der Charakterstärken und der Sinnhaftigkeit haben in dieser Disziplin einen besonders hohen Stellenwert.

Konzepte des Selbstmitgefühls oder auch der Logotherapie (Sinnhaftigkeit im Leben) finden hier genauso ihren Platz wie die kognitive Verhaltenstherapie. Das klingt sehr nach psychologischen Schwergewichten, aber die Werkzeuge aus diesen unterschiedlichen Fachrichtungen lassen sich zum größten Teil sehr gut in den Alltag integrieren und berühren unterschiedlichste Aspekte des menschlichen Seins und Empfindens. In Deutschland gelten Dr. Daniela Blickhan (1. Vorsitzende des Dachverbandes für Positive Psychologie[7]), Prof. Dr. Judith Mangelsdorf (Direktorin der Deutschen Gesellschaft für Positive Psychologie[8]), Dr. Nico Rose (bis 2022 Professor für Wirtschaftspsychologie[9]) und Dr. Markus Ebner[10] (PERMA-Lead-Modell) als Wegweiser für Führungskräfte und Unternehmen. PERMA ist ein Akronym, das auf einen Führungsstil verweist, der Mitarbeitende in ihrer Entfaltung unterstützt. Im zweiten Teil des Buches gehe ich auf dieses Akronym ausführlicher ein.

Die Psyche des Menschen ist beeinflusst vom Denken, Fühlen und Tun oder Handeln.

Diese drei Anteile des psychischen Wohlbefindens lassen sich durch die Interventionen der Positiven Psychologie gezielt ansteuern. Meiner Ansicht nach ist ein weiterer Aspekt sehr bedeutsam: dass diese Anteile alle in einem spezifischen Umfeld einzuordnen und damit auch abhängig von den Gegebenheiten sind. Und damit komme ich zu einem abschließenden und wesentlichen Hinweis dieses Abschnitts: Jeder Mensch hat Einflussmöglichkeiten im Hinblick auf sein Leben und seine Gesundheit. Aber ich stimme nicht mit den Menschen überein, die behaupten, dass wir die Verantwortung oder gar Schuld für Erkrankungen tragen. Ich kann mich gut ernähren, für ausreichend Schlaf und Pausen sorgen, regelmäßig Sport treiben und dennoch an Krebs erkranken. Sich selbst die Schuld für die Erkrankung zu geben, entbehrt in meinen Augen jeder Grundlage. Da wir eben nicht im luftleeren Raum agieren, sondern geprägt sind durch biologische Faktoren (Gene) und unser Umfeld, können wir auch nicht die alleinige Verantwortung übernehmen. Wir alle haben die Möglichkeit, uns über unser Verhalten und unser Denken zu positionieren. Aber es ist nicht möglich, uns in jedem Aspekt selbst zu gestalten. Deshalb möchte ich noch einmal

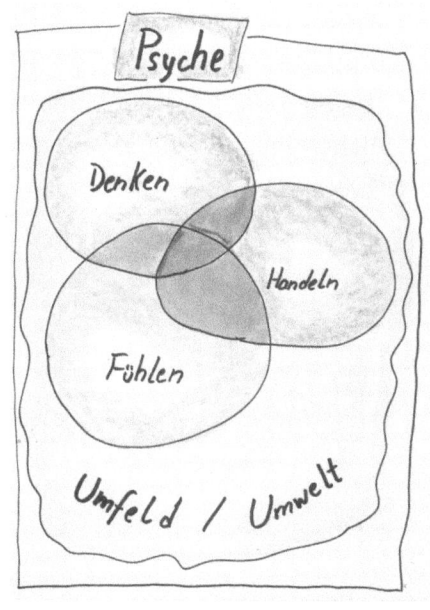

eindrücklich darauf hinweisen, dass ich im Zusammenhang mit Gesundheit nicht von Schuld spreche. Alle meine Tipps zielen darauf ab, die Widerstandskraft zu erhöhen, um möglichst gesund agieren zu können, aber sie sind kein Garant dafür, nie zu erkranken.

ZUSAMMENFASSUNG

- Durch Stress wird Energie zum Kämpfen und Flüchten bereitgestellt.

- Um weniger Stress zu empfinden, kann ich meine Einstellung zum Stressor verändern oder meine Ressourcen aufbauen.

- Resiliente Menschen haben die Fähigkeit, nach Leid wieder auf die Füße zu kommen. Sie empfinden genauso unangenehme Gefühle, können diese aber schneller hinter sich lassen und vorwärtsblicken.

- Die Interventionen der Positiven Psychologie zielen darauf ab, auch das Angenehme wahrzunehmen. Sie beziehen sich auf wissenschaftlich fundierte Studien.

- Wir können und sollten etwas für unsere Gesundheit tun, haben aber nicht alle Parameter in der Hand.

DER START IN DEN TAG

Für viele Menschen beginnt der Tag schon mit Hektik. Sie haben das Gefühl, zu spät zu sein, etwas zu verpassen oder drei Dinge zeitgleich erledigen zu müssen. Und damit ist die Grundlage gelegt, sich den gesamten Tag schon zu Beginn zu vermiesen. Deswegen starte ich dieses Buch auch mit der Morgenroutine. Was können wir schon als Grundstein für einen selbstbestimmten Tag legen, damit der Rest des Tages darauf aufbauen kann? Ich beschreibe gleich meinen eigenen Start, um dann auf die Punkte einzugehen. Doch warum ist gerade die erste Stunde so wichtig? Wenn ich am Morgen bereits meinen Energievorrat anzapfe, statt diesen gesund aufzubauen, durchzieht ein Gefühl von Mangel den gesamten Tag. Wenn morgens bereits das erste Missgeschick passiert, ärgere ich mich schon, bevor ich etwas geleistet habe, und reagiere auf weitere ungeplante Vorkommnisse gereizt. Deshalb habe ich mir eine klare Struktur angewöhnt, die automatisch bewusst macht, dass der Fokus auf mir selbst und nicht auf anderen liegt. Denn es geht erst einmal um meine Gesundheit, um meinen Energiehaushalt. Als ehemaliger Rettungsschwimmer weiß ich: Nur wenn ich bei Kräften bin, kann ich Ertrinkende retten, ansonsten gehen wir beide unter. Deshalb sorge ich beizeiten für meine Ressourcen.

Mein Morgen beginnt immer mit ritualisierten Abläufen. Dadurch muss ich einerseits nicht schon zu Beginn des Tages Entscheidungen treffen. Andererseits starte ich so klar fokussiert in den Tag. Ein typischer Morgen bei mir beinhaltet z. B. eine kalte Dusche. Mir tut das gut, weil meine Ärztin Bluthochdruck bei mir festgestellt hat und ich keine Lust habe, Tabletten zu nehmen. Also habe ich nach Wegen gesucht, wie ich meinen Blutdruck beeinflussen und auch sonst etwas für meine Gesundheit tun kann. Durch das kalte Wasser, beginnend an den Extremitäten, wird der ganze Körper durchblutet. Die Kapillargefäße erweitern sich, um möglichst viel Blut durchfließen zu lassen. Gleichzeitig wird durch den unangenehmen Reiz die Immunabwehr meines Körpers angekurbelt. Anfangs war dieses Ritual nicht besonders angenehm, aber mittlerweile kann ich mir gar nicht vorstellen, den Tag ohne kalte Dusche zu beginnen. Hilfreich ist für mich dabei, dass ich mir bewusst mache, warum ich kalt dusche und dass es nicht das erste Mal im Leben ist, dass ich dies tue. Dadurch ist meine Akzeptanz größer und ich beginne den Tag nicht mit negativem Stress. Eine kalte Dusche ist bestimmt nicht für jeden der richtige Start, aber es ist eine Option. Wim Hof behauptet: »Eine kalte Dusche pro Tag erspart den Doktor!« (»A cold shower a day keeps the doctor away!«[11]).

Meine nächste Morgenroutine ist allerdings eine, die ich Ihnen definitiv ans Herz legen möchte. Sie betrifft unseren Flüssigkeitshaushalt. Stellen Sie sich bitte mal ein Kanalsystem vor, das weitverzweigt ist und an dessen Ausläufern kleinere und größere Häfen liegen. Um alle Häfen anfahren zu können, benötigen die Schiffe genug Wasser unter dem

Kiel, sonst erreichen sie nur diejenigen, die an der Hauptwasserstraße liegen. Auf Dauer würden dann die Häfen an den Nebenlinien immer weniger versorgt und nach und nach ihr Geschäft aufgeben. Was dieses Bild mit einer Routine zu tun hat? Ganz einfach: Es versinnbildlicht unser Kapillarsystem. Die großen Arterien sind die Hauptströme, durch die unser Blut fließt. Davon abgehend gibt es immer kleinere Blutgefäße bis hin zu den Arteriolen, die sich wie ein winziges Flussdelta zu den entfernten Zellen verzweigen. Im Blut werden all die Bausteine transportiert, die unsere Zellen und Organe benötigen, egal, ob es um Muskelzellen geht, die Leber oder die Haut. Alle lebenden Organe müssen mit den spezifischen Baustoffen versorgt werden, die für sie relevant sind. Und dies geschieht mithilfe der Blutzellen. Diese sind wie kleine Transportkähne und fahren an den verschiedenen Zellen vorbei. Wenn die Zelle Material benötigt, greift sie darauf zu. In der Nacht nehmen wir (in der Regel) allerdings keine Flüssigkeit zu uns, sondern schwitzen sogar welche aus. Gleichzeitig verspüren wir morgens das Bedürfnis, unsere Blase zu leeren. Um all die Baustoffe tagsüber an die gewünschten Orte transportieren zu können, ist es wichtig, dass wir genug Flüssigkeit zur Verfügung haben. Dies ist umso bedeutender, da wir ja auch während des Tages Stoffwechsel-Abfallprodukte loswerden müssen. Und da sind wir bei der Routine: Ich trinke morgens eine Kanne grünen Tee, bevor ich etwas anderes tue. Als Richtschnur gilt, dass man morgens ein Fünftel bis ein Viertel der Flüssigkeitsmenge zu sich nehmen sollte, die man pro Tag aufnimmt. Studien mit Leistungssportlern zeigen, wie sich allein dadurch deren Potenzial nochmal steigern lässt.

Es ist auch egal, ob es Tee, Wasser oder Kaffee ist. Allerdings geht es letztendlich um Wasser, also nicht um Lebensmittel wie Milch, Fruchtsäfte oder Softdrinks. Denn diese haben Kohlenhydrate mit an Bord, die dann schon direkt mit abgebaut werden müssen. Was bekommen Sie also gut in Ihre Morgenroutine integriert? Ist es Wasser, welches Sie neben dem Cappuccino zu sich nehmen?

Oder wollen Sie einmal den Versuch starten, morgens eine Kanne Tee zu trinken? Achten Sie auf sich und probieren Sie diverse Varianten aus, aber schauen Sie, dass Sie morgens genug trinken. Denn im Laufe des Tages kann so viel Unvorhergesehenes geschehen und oft vergessen wir darüber, ausreichend Flüssigkeit einzunehmen.  Und so gut wir auf Essen für eine längere Zeit verzichten können, Flüssigkeit ist deutlich lebensnotwendiger. Wenn der Flüssigkeitshaushalt stimmt, können Sie besser mit den Anforderungen des Tages umgehen. Wenn ich zu wenig trinke und dann versuche, anstrengende Probleme zu lösen, bekomme ich z. B. schnell Kopfschmerzen. Mein Körper reagiert auf diese Weise auf den Mangel. Wie reagiert Ihrer? Machen Sie sich Situationen bewusst, in denen Sie gespürt haben, dass Sie zu wenig getrunken haben. Das hilft Ihnen, morgens daran zu denken und so eine gesunde Routine aufzubauen.

Und denken Sie natürlich auch während des Tages daran, ausreichend zu trinken, gerade dann, wenn Sie konzentriert oder körperlich schwer arbeiten.

Jetzt kommt noch ein wichtiger Punkt bezüglich meiner morgendlichen Praxis. Die erste Dreiviertelstunde nach dem Aufstehen gehört mir. Während ich meinen Tee trinke, entscheide ich, ob ich lieber dem Traum nachhänge, ein gutes Buch lese oder meditiere. Aber ich vermeide es, mich von äußeren Impulsen beeinflussen zu lassen. Deshalb lese ich keine Nachrichten und auch keine E-Mails oder SMS. In dem Moment, in dem ich den Computer öffne, würde mein Fokus sofort auf die Bedürfnisse der Menschen gelenkt, die ein Anliegen an meine Person haben. Damit werde ich aber fremdbestimmt. Auch lese ich keine Zeitung oder schaue Nachrichten. Denn ansonsten würde ich sofort in die Welt der Katastrophen und unangenehmen Meldungen befördert. Stattdessen gestalte ich mir eine angenehme Grundlage für den gesamten Tag. Ich kann meine Struktur planen und mich auf bestimmte Ereignisse oder Menschen freuen. Von diesem Fundament zehre ich genauso wie von der ausreichenden Flüssigkeit, die ich morgens trinke. Jetzt könnten Sie sagen: »Aber wenn ich meine E-Mails anschaue, weiß ich doch besser, was mich am Tag erwartet.« Damit haben Sie auf der einen Seite recht, auf der anderen Seite sendet Ihnen ja jemand eine E-Mail, weil er einen Wunsch an Sie hat und nicht, weil Sie etwas von ihm wollen. Und wenn Sie mehrere solcher E-Mails direkt nach dem Aufstehen lesen, vergessen Sie, dass Sie selbst Ihren Tag planen sollten, statt sich den Wünschen anderer unterzuordnen.

Ich empfehle Ihnen deshalb lieber zu planen, was Ihnen für den Tag wichtig ist, und daneben freie Zeitfenster zu lassen, in denen Sie auf die Anfragen anderer reagieren. So behalten Sie das Zepter in der Hand und geben es nicht an diejenigen weiter, die etwas von Ihnen wollen. Und es führt dazu, dass Sie mit mehr Freude in den Tag starten, als wenn Sie sich schon am frühen Morgen über andere Menschen und deren Bedürfnisse ärgern.

Ähnlich verhält es sich mit dem Konsumieren von Nachrichten. In welchem Ausmaß hat die tägliche Nachrichtenflut unmittelbar mit Ihrem Leben zu tun? Wie viele der Nachrichten können Sie beeinflussen? Und wie hoch ist der Anteil der angenehmen Nachrichten, die in den Medien erscheinen? Da kommt eine verschwindend kleine Zahl heraus, oder? Und trotzdem können viele Menschen nicht anders, als sich direkt morgens mit Katastrophen den Tag zu verderben. Ich halte das für ziemlich masochistisch, denn es bereitet mir ein schlechtes Gefühl und ich bin dem Ganzen ausgeliefert. Deshalb schlage ich Ihnen vor, diese Zeit anders zu nutzen. Tun Sie etwas, das Sie stärkt und Ihnen guttut, statt Sie zu schädigen. Ansonsten entladen Sie Ihren Akku bereits am frühen Morgen wieder, noch bevor Sie etwas Wertvolles leisten. Wenn Ihnen nichts Sinnvolles einfällt, dann danken Sie dafür, dass Sie gesund aufgewacht sind, dass Sie ein Dach über dem Kopf haben und Menschen, die Ihnen wert sind. Spüren Sie, wie diese Gedanken Sie innerlich wärmen und Ihnen ein Lächeln ins Gesicht zaubern. So starte ich meinen Tag gern.

Weiter oben habe ich die Frage gestellt, wie viele der Nachrichten Sie beeinflussen können. Deshalb stelle ich Ihnen an dieser Stelle ein Modell vor, das mir und anderen gute Dienste erweist. Ich nenne es das Drei-Rahmen-Modell, da es aus drei Rahmen besteht. Der äußerste Rahmen beinhaltet all das, was ich allein nicht beeinflussen kann. Er befindet sich außen, weil er der größte ist und auch die meisten Aspekte umfasst, angefangen vom Wetter, der Vergangenheit, den Grundgesetzen bis hin zu Unternehmensstrategien und anderen Menschen.

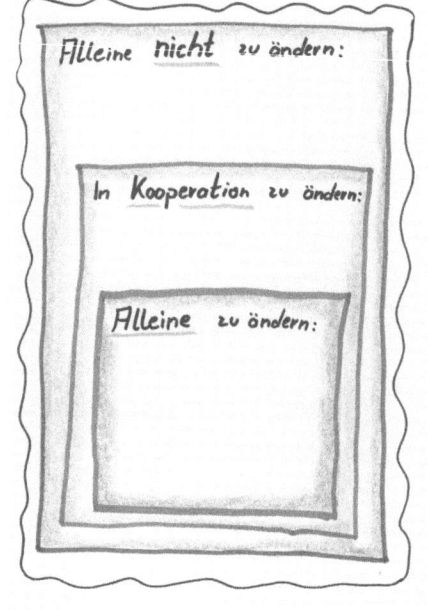

In Seminaren entsteht an diesem Punkt meistens die Diskussion, ob man andere Menschen wirklich nicht ändern könnte. Vielleicht hatten Sie den gleichen Gedanken gehabt, als Sie die Worte gelesen haben. Deshalb noch eine weitere Frage: »Kennen Sie solche Momente, in denen Sie merken, dass jemand anders Sie ändern möchte?« Egal ob in einer Beziehung zur Partnerin, als Kind oder als Kollege. Und was passierte in dem Moment bei Ihnen? Haben Sie sich gesagt: »Na klar, wenn X will, dass ich ab morgen ein anderer Mensch bin, dann mache ich das gern«? Vermutlich nicht. Und selbst wenn Sie es sich gesagt hätten, wären Sie nicht einfach jemand anderes geworden. Selbst die Vorsätze zum neuen Jahr haben ja in der Regel eine Halbwertszeit von maximal zwei Monaten. Wir können uns nicht so ohne Weiteres ändern. Und wenn wir uns nach all den Wünschen anderer richten wollten, wäre uns schwindelig vor lauter Änderungen, die uns wie einen Drehkreisel rotieren lassen würden. Genauso geht es auch anderen Menschen, und deshalb ist es utopisch zu glauben, man könnte eher einen anderen Menschen ändern als sich selbst. Schließlich ist selbst das Verändern des eigenen Verhaltens schon anstrengend genug.

Die Aspekte, die sich im äußeren Rahmen befinden, sind somit all jene, die man allein nicht ändern kann. Gleichzeitig sind das oft die Dinge, über die wir uns am meisten aufregen. Dort befindet sich all das, worüber man sich in vertrauter Runde oder am Stammtisch stundenlang im Einklang ärgern kann. Allerdings macht es für die Welt keinen Unterschied, ob ich verärgert bin oder nicht. Der Einzige, der (in diesem Moment) darunter leidet, bin ich selbst. Der Einzige, dem ich damit Energie entziehe und somit schade, bin ich selbst. Das ist ein bisschen so, als wollte ich mit dem Kopf durch die Wand, weil ich keine Lust habe, einen Umweg zu laufen. Ich hole mir eine blutige Nase oder Stirn, der Wand macht das nichts aus. Deshalb gilt es, alles, das sich im äußeren Rahmen befindet, anzunehmen, ob ich es gutheiße oder nicht. Ich kann auch gern mal kurz Dampf ablassen, aber dann sollte ich es auf sich beruhen lassen und weiter nach vorn blicken. Bei diesen Punkten zu verharren, bringt nichts.

Damit kommen wir zum zweiten Rahmen, der genau in der Mitte liegt. Dort befinden sich jene Faktoren, die ich in

Kooperation ändern kann. Das wären z. B. Regionalpolitik, Absprachen, Arbeitsverteilung, Teamsitzungen und alles, was die Kommunikation betrifft. Somit sollte, wenn es darum geht, etwas zwischen Menschen zu verteilen und anzusprechen, der Fokus auf Kooperation liegen. Eine Sache ist bedeutsam, damit andere Menschen Lust haben, mit mir zu kooperieren: Sie wollen etwas davon haben! Das bedeutet im Umkehrschluss: Wenn ich etwas von ihnen will, genügt es meist nicht, zu unterstreichen, welchen Mehrwert ich davon habe. Ich sollte mir die Mühe machen, mich in die Lage des anderen zu versetzen, um ein Gefühl dafür zu bekommen, was sie oder er davon haben könnte. Das ist zwar manchmal etwas mühselig, führt aber andererseits zu mehr Engagement. Wieso soll mein Gegenüber seine bequeme Position aufgeben, ohne selbst davon zu profitieren? Deshalb lautet die Prämisse: die Perspektive umkehren, aus der Sicht meines Gegenübers denken. Der passende Spruch, der mir dazu einfällt, lautet: »Der Wurm muss dem Fisch schmecken, nicht dem Angler«[12] (Ludwig Thoma in Anlehnung an Dale Carnegie). Das klingt vielleicht drastisch, gibt aber den Gedanken dahinter gut wieder. Die Chance, Dinge aus diesem Rahmen so zu verändern, wie man es möchte, steigt extrem an, wenn man sich genau diese Mühe macht. Bestimmt haben Sie schon einmal das sogenannte Gelassenheitsgebet gehört, welches Reinhold Niebuhr zugeschrieben wird: »Gott, gib mir die Gelassenheit, die Dinge hinzunehmen, die ich nicht ändern kann. Gib mir den Mut, die Dinge zu ändern, die ich ändern kann. Und die Weisheit, das eine vom anderen zu unterscheiden.«[13] Er spricht darin von Mut. Denn damit ist immer eine Kraftanstrengung verbunden, mit dem Risiko zu scheitern. Deshalb braucht es Überzeugungskraft, um andere dazu zu bewegen. Und natürlich braucht es auch Mut von der eigenen Seite her.

Womit wir direkt beim inneren Rahmen wären. Das ist der kleinste der drei Rahmen, derjenige, den ich allein verändern kann. Und alles, was ihm zuzuordnen ist, hat ausschließlich mit mir zu tun: meine Einstellung, mein Verhalten, meine Sicht etc. Dort ist mein Einfluss am größten, ich bin unabhängig von Rahmenbedingungen und anderen Menschen.

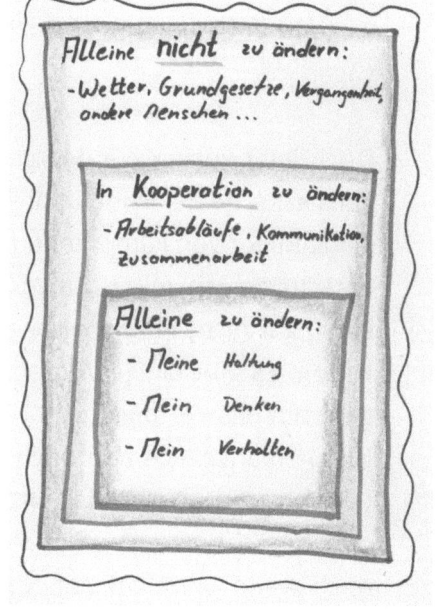

Der Rahmen ist erst einmal recht klein, andererseits hat er die größte Wirkung. Wenn ich meine Einstellung ändere, ändert sich alles für mich. Z. B. steht im äußeren Rahmen das Thema Wetter: Wenn es jetzt regnet und ich mit dem Hund spazieren gehen muss, kann ich mich ärgern, über das Wetter schimpfen, meinen Hund anraunzen, aber ändern wird das nichts. Ich kann mir aber auch bewusst machen, dass es gerade regnet und damit viel weniger Menschen unterwegs sind und ich meinen Hund entspannter laufen lassen kann. Ich kann mir Regenkleidung anziehen und daran denken, dass es zum Glück für die Landwirtschaft endlich regnet. Ich kann mir bewusst machen, dass bisher kein Tropfen durch meine Haut durchgegangen ist und es nicht anders ist, als wenn ich eine Dusche nehme. Es gibt unheimlich viele Gedanken, die ich ändern kann. Ich kann auch einfach lächeln und mich freuen, ohne tieferen Grund. Was auch immer ich verändere, es verändert augenblicklich mein Empfinden. Und das finde ich toll. Viktor Frankl, der harte Jahre im Konzentrationslager verbringen musste, sagte: »Der Mensch ist nicht frei von schicksalhaften Bedingungen. Aber er ist frei, zu diesen Bedingungen Stellung zu nehmen.«[14] Über diese Wahlmöglichkeit schreibt er sehr bewegend in einem seiner Bücher, »… trotzdem Ja zum Leben sagen.«[15]

Doch jetzt zurück zur Morgenroutine. Wenn ich mich morgens entscheide, keine unangenehmen Meldungen zu lesen, keine Bilder von kämpfenden Menschen zu betrachten, dann entscheide ich mich, Dinge, die ich sowieso nicht ändern kann, gar nicht in meinen morgendlichen Start einfließen zu lassen. Es gibt einige Wissenschaftler, die sogar empfehlen, ganz auf das Verfolgen von Nachrichten zu verzichten. Lesen ist für manche gerade noch akzeptabel, aber das Betrachten von Leid über Bilder übt einen so starken Einfluss aus, dass manche Menschen dauerhafte Folgen davon verspüren. Auch wenn Sie nicht auf Nachrichten verzichten möchten, sollten Sie zumindest überlegen, ob Sie diese wirklich schon zu Beginn des Tages brauchen. Denn was davon können Sie ändern? Sie können sich gern einen Zettel und Stift nehmen und einmal jede Nachrichtensendung, die Sie verfolgen, analysieren, um festzustellen, wieviel Sie davon beeinflussen können. Und die Nachrichten, die Auswirkungen auf Ihr tatsächliches Leben haben, bekommen Sie garantiert auch auf andere Art und Weise mit. Die meisten Nachrichten gehören in den äußersten Rahmen und deshalb sollte man sie nur dosiert genießen.

Darüber hinaus möchte ich Ihnen noch eine weitere Anregung für den Morgen mitgeben. Dies ist natürlich eine, die in den innersten Rahmen gehört. Hierbei geht es um die eigene Erwartung bezüglich des Tages. Nehmen Sie sich morgens ca. drei Minuten Zeit, um sich bewusst zu machen, auf was Sie sich am heutigen Tag freuen. Spüren Sie in diesen Augenblick der Zukunft schon einmal hinein, fühlen Sie, was dieser in Ihnen auslöst. Dann überlegen Sie sich, was Sie dazu beitragen werden, dass dieser Moment auch eintritt und wie Sie ihn prägen. Das können Sie dann abends mit einer zweiten Routine verknüpfen und sich diese Momente erneut ins Bewusstsein holen.

Was ist der Sinn dieser Intervention? Sie richten morgens Ihren Fokus auf Dinge, die Ihnen Energie verleihen. Sie entscheiden sich bewusst, Ihre Aufmerksamkeit auf angenehme und positive Aspekte zu richten. Damit konditionieren Sie Ihren Geist bereits zum Start des Tages darauf, die kleinen, schönen Momente wahrzunehmen. Durch das Erleben der Situation – wie in einem Film – lassen Sie angenehme Gefühle intensiv auf sich einwirken. Dann reflektieren Sie, welchen Beitrag Sie persönlich dazu leisten können. Sie aktivieren also Ihre Selbstwirksamkeit. Dadurch übernehmen Sie das Steuer und fühlen sich nicht als Opfer der Umstände. Diese Intervention ist wirklich kurz, wenn sie aber zur Routine wird, prägen Sie dazu Ihre generelle Aufmerksamkeit, verändern nach und nach Ihre Wahrnehmung für den gesamten Tag und damit Ihr gesamtes Leben. Dies ist demnach eine kleine Übung mit großer Reichweite. Und durch Ihren eigenen Beitrag, den Sie bewusst einplanen, verändern Sie auch aktiv Ihr Handeln, wodurch Ihr Tagesablauf positiv verändert wird.

ZUSAMMENFASSUNG

- Der Morgen bildet die Grundlage für den gesamten Tag, deshalb sollte ich ihn bewusst gestalten.

- Morgens sollten wir ein Fünftel bis ein Viertel der täglichen Flüssigkeitsmenge aufnehmen.

- Das Drei-Rahmen-Modell unterscheidet zwischen den Dingen, die ich allein **nicht** ändern kann, denen, die ich in **Kooperation** ändern kann, und denen, die ich **allein** ändern kann.

- Nachrichten am Morgen versorgen uns mit Meldungen, die uns belasten, die wir jedoch nicht ändern können.

- Sich schon morgens bewusst auf die Dinge fokussieren, die uns im Laufe des Tages Freude bereiten werden, lenkt die Wahrnehmung in die richtige Richtung.

ARBEITSWELT UND
GEFÜHLE

Viele Menschen versuchen, Arbeit und Gefühl voneinander zu trennen, und sind der Ansicht, Gefühle hätten bei der Arbeit nichts verloren, dort gehe es ausschließlich um die Sache. Das ist ein schöner Gedanke, aber er entspricht nicht der Realität. Ich halte ihn sogar für hinderlich. Warum dies so ist, dazu komme ich gleich. Aber zuerst gilt es, sich einmal bewusst zu machen, wie Gefühle entstehen und welchen Zweck sie haben. Dann können wir im nächsten Schritt überlegen, wie wir sie steuern können.

Gehen Sie einmal in Gedanken in eine typische Situation, in der Sie sich von Herzen freuen. Egal, ob es der letzte Urlaub, das Spielen von Kindern oder das Verwirklichen eines gewünschten Erfolges ist. Was spüren Sie? Was passiert, während Sie in diese Situation eintauchen? Der Körper gibt Ihnen Signale. Vielleicht schlägt Ihr Herz schneller, Ihr Gesicht wird offener und wärmer oder es tritt eine andere Reaktion ein. Gefühle jedweder Art haben immer körperliche Auswirkungen. Dieses Wissen hilft uns später, Emotionen regulieren zu können. Wie ist es dazu gekommen? Sie haben sich eine Situation wieder in Erinnerung gerufen. Diesen Moment haben Sie bewertet. Ihr Herz sprang z. B. nahezu vor Freude, als Sie

Ihr Kind zum ersten Mal »Papa« sagen hörten, oder Sie empfanden Stolz, als Sie Ihr Projekt erfolgreich abgeschlossen haben. Was Sie aber davor getan haben, ohne es sich bewusst zu machen, war, eine Bewertung dieser Situation vorzunehmen. Wenn Ihr Kind heute »Papa« zu Ihnen sagt, werden Sie nicht die gleiche starke Reaktion haben, vielleicht denken Sie sich sogar: »Was will er denn jetzt schon wieder haben?« Ein Gefühl entsteht also, wenn wir abgleichen, wie unsere Erwartung in Beziehung zur Realität steht.

Aber dahinter liegen immer Gedanken. Die Gefühle ermöglichen uns einen schnellen Abgleich, ob unsere Erwartung und das Ereignis übereinstimmen oder nicht. Sie sind also Hinweisschilder für eine grobe Richtung, ob das, was wir gerade erleben, passt oder nicht. In besonderem Maße merken wir das, wenn es darum geht, dass jemand unsere inneren Werte verletzt. Angenommen, wir haben ein klares Bild davon,  wie man mit anderen Menschen umgeht, nämlich respektvoll und wertschätzend. Jetzt bekommen Sie mit, wie Ihr Kollege abfällig über eine Reinigungskraft spricht. Sofort zieht sich etwas in Ihrer Magengegend zusammen. Das ist eine typische Reaktion darauf, dass Ihr Alarmsystem aufzeigt: »Achtung, da handelt jemand gegen Deinen Wert!« Das Prinzip funktioniert aber auch bei weniger deutlichen Zeichen. Auch dafür sind Gefühle da. Sie zeigen uns, ob unser Bild von der Welt und die empfundene Realität übereinstimmen oder nicht.

Gefühle an sich sind also ein Hinweis und damit weder positiv noch negativ. Aber das spontane Verhalten, das aus extremen Gefühlen resultiert, ist etwas, was wir oft nicht wollen. Egal, ob es um Tränen, Wutausbrüche oder unangebrachtes Lachen geht, diese automatisierte Reaktion wünschen wir zu kontrollieren. Der richtige Begriff dafür lautet »Emotionsregulation«. Es geht also darum, Emotionen zu steuern. Das Ziel ist jedoch nicht, sie zu unterdrücken oder keine Gefühle mehr wahrzunehmen. Wie dies gelingt, zeige ich Ihnen noch auf. Aber wenn Sie sich erinnern, wie wir das vorherige Kapitel abgeschlossen haben, dann werden Sie feststellen, dass dies ein besserer Weg zu Ihren Gefühlen ist. Bevor Sie Ihre Arbeitsstelle betreten, können Sie sich in Ihr Bewusstsein rufen, worauf Sie sich heute freuen, auf wen Sie sich freuen, was Sie heute ausprobieren möchten, was Ihrer Arbeit Sinn verleiht oder warum Sie arbeiten. Damit stärken Sie die angenehmen Gefühle, verändern Ihre Einstellung in Richtung Freude und Sinn und erlangen damit mehr innere Strahlkraft. Und das färbt wiederum auf die Menschen in Ihrem Umfeld ab.

Jetzt aber zu Anregungen, um unangenehme Emotionen zu regulieren. Der erste Weg ist der simpelste, aber nicht immer der einfachste: ausatmen und Zeit verstreichen lassen. Gefühle sind wie eine kurze Fontäne, sie gelangen schnell nach oben, beruhigen sich aber wieder, wenn man keinen weiteren Druck aufbaut. Dies ist vergleichbar mit einem Gartenschlauch, wenn man erst den Hahn für die Wasserzufuhr aufdreht und dann die Sprühspritze am Ende des Schlauchs. Durch den aufgebauten Druck spritzt das Wasser erst mit großer Kraft raus, dann aber schon bald gemäßigter. So ist das auch mit unseren Gefühlen und unserem impulsiven Verhalten. Schaffe ich es, dem Impuls für zehn Sekunden nicht zu folgen, sondern mich auf etwas anderes zu fokussieren, dann fällt meine Reaktion schon anders aus. Das kennen Sie vielleicht auch aus Situationen, in denen Sie jemand unfair behandelt hat. Der Impuls ist da, sofort zu reagieren. Meist auf der gleichen Ebene, also eher unsachlich. Wenn es Ihnen gelingt, erst auszuatmen, dann ruhig und langsam einzuatmen, wird Ihre Antwort eine ganz andere sein. Sie haben die Regie übernommen und die Impulsantwort Ihres Gefühls auf den Beifahrersitz gesetzt. Somit haben Sie den Hinweis gehört, aber auf eine selbstbestimmte Art geantwortet. Wichtig dabei ist das langsame und komplette Ausatmen, also nicht schnell die Luft einsaugen und anhalten, bis Sie das Gefühl haben, dass der Kopf platzt, sondern sich leer machen.

Bei verbalen Attacken kann auch ein anderer Weg nützlich sein. Statt nur auszuatmen, können Sie auch Ihrem Gefühl der Unangemessenheit Luft verschaffen, indem Sie sagen: »Das ist ganz schön heftig.« Mit etwas Glück verschafft das auch Ihrem Gegenüber Zeit, sich klar zu werden, und Sie können entspannter miteinander kommunizieren.

Haben Sie das Gefühl, Ihr Gegenüber will Sie bewusst provozieren oder in die Hilflosigkeit zwingen, empfehle ich Ihnen ein neutrales Wort wie »interessant«.  Dadurch passieren nämlich zwei Dinge gleichzeitig: Zum einen federn Sie den Angriff ab und gewinnen Zeit, gleichzeitig irritieren Sie Ihren Angreifer und dieser gelangt aus dem Konzept, weil er mit einer ganz anderen Reaktion von Ihrer Seite gerechnet hat. Bei dieser Technik verbinden Sie die beiden Aspekte zum Umgang mit Stress. Sie bewerten die Situation als nicht lebensbedrohlich und stärken Ihre Ressourcen, indem Sie eine Antwort vorbereitet haben. Suchen Sie sich daher für solche Fälle ein neutrales Wort und üben Sie regelmäßig, damit es zur Routine wird. Es genügt auch, wenn Sie dies immer mal wieder in Gedanken vollziehen.

Wenn Sie merken, dass Sie im Moment zu emotional sind, um angemessen zu reagieren, dann verschaffen Sie sich eine Pause, indem Sie etwas trinken, die Toilette aufsuchen oder aus dem Fenster schauen. In solchen Momenten stehen wir stark unter Stress und sind damit leider nicht in der Lage, auf unser Großhirn, d. h. den analytischen und sachlichen Teil unseres Gehirns, zugreifen zu können. Der Autopilot hat das Steuer übernommen und spielt ein Programm ab. Eventuell besteht dieses Programm aber auch nur aus Sprachlosigkeit.

Dieses Gefühl haben Sie vermutlich ebenfalls schon erlebt, und zwar dann, wenn jemand Ihnen eine verbale Ohrfeige gibt und Ihnen in dessen Gegenwart keine Antwort einfällt. Aber kaum ist etwas Zeit verstrichen, fällt Ihnen ein, was Sie hätten sagen können. Sie benötigen demnach Zeit, um die Fähigkeit des Lösungsdenkens wiederzuerlangen, denn nur so finden Sie Wege, die zielführend sind. Der Autopilot kann nur Verhalten aus der Vergangenheit wiederholen, jedoch keine neuen Verhaltensweisen erzeugen.

Wenn wir länger aus- statt einatmen, dann wird unser Parasympathikus aktiviert. Dieser bringt uns aus dem Kampf-/Fluchtmodus heraus in den Zustand, in dem wir wieder Energiereserven aufbauen. Der Parasympathikus ist der direkte Gegenspieler zum Sympathikus, und es kann immer nur einer der beiden gerade die Kontrolle haben. Im Prinzip verhalten sich die beiden wie Gaspedal und Bremse zueinander. Auch ist es wie bei einer Wippe, es kann nur einer oben sein, der andere ist dann unten. Und über unseren Atemrhythmus beeinflussen wir dieses Kräftespiel. Atme ich schnell, flach und kurz ein, wie beim Hyperventilieren, dann aktiviere ich den Sympathikus, versetze mich also noch mehr in einen Stressmodus. Atme ich tief und vor allem lange aus, dann gelange ich in einen entspannteren Zustand. Sie können also gern zählen, wie lange Sie einatmen, und dann länger ausatmen. Haben Sie vier Zählzeiten eingeatmet, atmen Sie idealerweise über sechs Zählzeiten ruhig aus. Nach kurzer Zeit verändert sich so Ihr Zustand und Sie schenken sich selbst mehr Ruhe und Klarheit[16].

Gedanken können sich leider schnell mit unangenehmen Gefühlen auf eine Weise verbinden, dass die Verknüpfung zu einer Spirale wird, die uns nach unten zieht. Ich kenne das selbst auch und gebe Ihnen hier einen kurzen Einblick: **Die ersten Absätze dieses Buches habe ich schon zum dritten Mal geschrieben, weil mir immer wieder ein anderer Gedanke und Ansatz besonders wichtig erschien.** Und das kenne ich, schließlich ist mein letzter Versuch, ein Buch zu schreiben, grandios gescheitert, weil ich nicht konsequent genug war. Dann schaue ich über meinen Terminkalender und das Gefühl der Panik stellt sich ein. Das wird nie etwas. Wie konnte ich nur so unachtsam sein, so ein wichtiges Projekt in Angriff zu nehmen, obwohl ich noch zwei Ausbildungsskripte erstellen muss, weil die Termine vor der Tür stehen. Auch hatte ich mir vorgenommen, eine gute Balance zwischen Arbeitsphasen und Erholung zu behalten. Dann konnte ich auch wieder nicht Nein sagen, als die Anfrage der sympathischen Frau kam, doch noch einen Termin für ihre Mitarbeitenden einzuschieben. Ich bin ein hoffnungsloser Fall und wünschte, ich hätte einen Reset-Knopf, um meine Entscheidungen rückgängig machen zu können.

Gedankenspiralen dieser Art kennen wir vermutlich alle, auch wenn die einzelnen Komponenten bei jedem Menschen anders sind. Doch wie befreit man sich von ihnen? Möglich ist dies durch bewusstes Hinschauen, Differenzieren und Erinnern. Was war bei mir der Kerngedanke? »Ich bin ein Versager, weil ich mir zu viel vornehme. Das letzte Buchprojekt hat das bewiesen!« Stimmt dieser Gedanke denn überhaupt? Bin ich ein Versager, weil ich eine gute Idee nicht umsetzen konnte? Und kann ich daraus schließen, dass ich auch dieses Buch nicht beenden werde? Zum einen muss ich nicht alles zu Ende bringen, was ich angefangen habe, denn es gibt immer unvorhergesehene Komponenten, die meine Entscheidung beeinflussen. Deshalb bin ich jedoch kein Versager, sondern habe lediglich das eine Mal versagt, im Sinne eines nicht beendeten Vorhabens. Zum anderen habe ich mein erstes Buchprojekt genauso umgesetzt, wie ich es wollte. Und auch ansonsten bin ich für meine Zuverlässigkeit bekannt. Ich habe bisher alle Seminare und Moderationen gut vorbereitet. Und ich verfüge über eine gute Struktur in meinem Leben, sodass ich auch ausreichend Zeitfenster habe, um meine Genuss- und Erholungsphasen zu gestalten. Sollte das für ein oder zwei Monate nicht der Fall sein, ist das aber auch keine große Sache, da es sich um einen klar absehbaren Zeitraum handelt. Mein Grundgedanke und die sich daraus ergebende Spirale ist also inkorrekt.

1. Wenn Sie zu solchen Gedanken und Spiralen neigen, dann filtern Sie den Kerngedanken heraus.

2. Überprüfen Sie den Wahrheitsgehalt des Gedankens und werfen Sie dabei auch einen Blick in Ihre Vergangenheit. Gab es Dinge, die nicht in Ihrem Einflussbereich lagen und auch am Ergebnis Schuld trugen? Konnten Sie das absehen oder ändern?

3. Welche Strategien fallen Ihnen ein, um mit der jetzigen Situation souverän umzugehen?

Wenn Sie diesen Schritten in Ruhe folgen, werden Sie merken, dass der Gedanke sich in Luft auflöst oder durch einen viel weniger bedrohlichen Gedanken ersetzt wird. Gern können Sie diese Schritte auch schriftlich machen, das fördert die Klarheit.

Manchmal steigern wir uns aber so sehr in ein Szenario hinein, dass die Gefühle uns langfristig lähmen. Immer wieder kommen wir zum gleichen Gedanken zurück, fühlen uns hilflos und denken, dies bestimme jetzt unser komplettes Sein. Das sind all die Momente, in denen wir existenzielle Sorgen haben, z. B. wenn es um den drohenden Verlust des Arbeitsplatzes geht. Das Problem dabei ist, dass es gerade in diesem Moment darauf ankäme, klar und lösungsorientiert zu denken. Doch genau dazu sind wir einfach nicht in der Lage. Dann gibt es zwei Wege, um diesem Umstand entgegenzuwirken. Der eine führt Richtung Zukunft, der andere in die Vergangenheit. Starten wir mit letzterem.

Sich bewusst zu machen, dass man auch früher schon extrem schwierige Situationen gemeistert hat, hilft dabei, mehr Energie zu erhalten. Ich mache mir dadurch bewusst, dass ich Ressourcen besitze, die ich früher schon genutzt habe. Man kann z. B. sein bisheriges Leben wie eine Achterbahnfahrt aufzeichnen und überlegen, welche Tiefpunkte man bereits bewältigt, welche Krisen gemeistert und welche Stärke man dabei aufgebaut hat. Man nutzt demnach frühere Situationen, um sich die eigenen Fähigkeiten und Stärken, die ja immer noch vorhanden sind, wieder in Erinnerung zu rufen. Dies stärkt die Ressourcen. Diese Intervention ist übrigens eine sehr schöne Reflexionsarbeit, die man gut für sich umsetzen kann, um sich die verdeckten eigenen Ressourcen grundsätzlich wieder bewusst zu machen. Ich empfehle, sie auf Karten zu notieren oder Bilder dafür zu finden, sodass sie präsent bleiben. Dann können Sie nämlich schneller darauf zurückgreifen, wenn es gerade notwendig ist. Ich bin der Meinung, dass diese Reflexion für jede Person hilfreich ist. Deshalb lege ich Ihnen sehr ans Herz, sich dafür Zeit zu reservieren.

In meinen Seminaren, in denen oft die Zeit für eine ausführliche Reflexionsarbeit knapp ist, stelle ich den Teilnehmenden folgende sechs Fragen und gebe ihnen pro Frage 90 Sekunden Zeit, um Stichpunkte dazu zu notieren. Wenn Sie möchten, dann stellen Sie sich jetzt einen Timer für jeweils 90 Sekunden pro Frage und notieren Sie die Antworten dazu:

- Welche Erfolge hatte ich schon in meinem Leben?
- Welche Kompetenzen besitze ich, um diese Erfolge erringen zu können?
- Welche Belastungen habe ich schon ausgehalten?
- Woher hatte ich die Kraft dafür?
- Was mögen andere an mir?
- Was, außer meiner Leistung, mag ich noch an mir?

Sie sehen, es geht auch hier wieder um die Aktivierung der eigenen Ressourcen.

Der andere Weg, mit lähmenden Denkmustern umzugehen, führt in Richtung Zukunft, nämlich zum Worst-Case-Szenario. Was wäre das schlimmste Resultat, das Sie sich vorstellen könnten? Nehmen wir an, Sie würden Ihren Arbeitsplatz verlieren. Und dann? Dann würde ich keine Arbeit haben. Und dann? Dann würde ich erst einmal Arbeitslosengeld bekommen und wie ein Verlierer dastehen. Und dann? Dann würde ich mich auf andere Stellen bewerben. Und dann?

Sie sehen, die Richtung führt zu möglichen Lösungen statt zu Stagnation. Wichtig ist, sich immer wieder die Frage zu stellen: »Und dann?« Solange wir am Leben sind, finden wir immer wieder Möglichkeiten, mit der aktuellen Situation umzugehen. Das machen wir uns mit dieser Technik zunutze, weil wir in Gedanken unsere Handlungsfähigkeit in der belastenden Situation einsetzen. Durch unser Gedankenspiel entfernen wir uns von dem Gedanken, der momentan unsere Handlungsfähigkeit lähmt. Wie ein Hindernis wird auch der Gedanke kleiner, wenn wir uns davon fortbewegen. Genau dasselbe funktioniert auch, wenn wir uns von lähmenden Problemen und Gedankenspiralen entfernen. Sie werden kleiner und damit überwindbar.

ZUSAMMENFASSUNG

- Gefühle sind Hinweise dafür, dass etwas stimmig oder unstimmig ist.

- Um die eigene Reaktion nicht von Gefühlen dominieren zu lassen, hilft es, diese für ein kurzes Zeitfenster auszuhalten.

- »Interessant« ist ein Wort, das Ihnen bei verbalen Attacken und sogenannten Killerphrasen Zeit verschafft.

- Bei blockierenden und abwertenden Gefühlen hilft es, den zugrunde liegenden Kerngedanken herauszufiltern, dann dessen Wahrheitsgehalt zu überprüfen und Strategien für einen sinnvollen Umgang damit zu entwerfen.

- Der Blick in die Vergangenheit oder in die Zukunft mit der »Und dann?«-Frage hilft, lähmenden Gedankenspiralen zu entkommen.

DEN ENERGIESPEICHER IMMER WIEDER FÜLLEN

Um Emotionen regulieren oder unsere Arbeiten gut erledigen zu können, benötigen wir Energie. Leider vergessen wir im Alltag oft, Energiereserven wieder aufzufüllen. Ich hatte ja schon kurz im Zusammenhang mit Stress und Resilienz darüber gesprochen, doch jetzt wollen wir dies genauer betrachten. Zuerst einmal stellen wir uns die Frage, was extrem viel Energie braucht. Dazu gehören alle Situationen, in denen wir uns zusammenreißen müssen, sei es das konzentrierte Arbeiten an komplexen Aufgaben oder das Ausblenden von störenden Geräuschen. Und auch das Regulieren von starken Emotionen zählt dazu. Im Grunde beinhaltet dies alle Situationen, die eine genaue Planung für die weiter entfernte Zukunft erforderlich machen. Auch das Ignorieren einer leckeren Süßigkeit, die duftend vor mir steht, bis ich meine Aufgabe beendet habe, also der Belohnungsaufschub, ist energiezehrend. In all diesen Fällen arbeiten wir mit Konzentration, folgen nicht unseren Impulsen, sondern benutzen den präfrontalen Kortex.

Dieser verbraucht eine Menge Energie.

Man kann sagen: Immer, wenn ich etwas tue, das meine volle Konzentration und analytisch bewusstes Denken erfordert, ist das anstrengend. Jonathan Haidt[17] hat für diese Art, mit der Situation umzugehen, das Bild eines Reiters entworfen. Der Reiter steht für das bewusste Reflektieren, Einordnen und Denken. Unter dem Reiter befindet sich der Elefant, der das intuitive, eher automatisierte Verhalten und Bewerten symbolisiert. Der Elefant mag es gern bunt, abwechslungsreich, spannend und leicht. Er ist also selten einer Meinung mit dem Reiter. Den Belohnungsaufschub findet der Elefant z. B. nicht gut. Jetzt stellen Sie sich bitte vor, welche Kraft (und damit Energie) es den Reiter kostet, dem Elefanten die Belohnung vorzuenthalten oder ihn zu zwingen, sich auf eine Aufgabe zu konzentrieren, obwohl gerade die Lieblingskollegin vorbeigeht, mit der er gern plaudern möchte. Sich auf eine stupide Tabelle zu fokussieren, obwohl er doch nur schnell schauen möchte, was in der E-Mail steht, die gerade im Postfach gelandet ist. Ich denke, Sie erkennen sich wieder und verstehen, warum Sie an manchen Abenden so erschöpft sind.

Den Elefanten den ganzen Tag zurückzuhalten, kostet Kraft. Daher ist es sinnvoll, sich seinen Arbeitsalltag so zu gestalten, dass man dem Elefanten zwischendurch seinen Spaß gönnt und auch seine Energie immer wieder auffüllt, um eine gute Balance zwischen Reiter und Elefant herzustellen.

Der Nobelpreisträger Daniel Kahneman analysierte übrigens die gleichen zwei Aspekte unseres Denkens. Er nannte sie allerdings nicht Reiter und Elefant, sondern System 1 und 2, um neutraler zu bleiben. Aber da der Elefant es gern bunt mag, bleibe ich bei der bildhaften Analogie. Doch für denjenigen, dem das Neutrale mehr liegt: Werfen Sie gern einen ausführlichen Blick in das Buch »Schnelles Denken, langsames Denken[18]«, für das Kahneman den Nobelpreis erhielt.

Der Elefant muss sich, genauso wie der Mensch, nach getaner Arbeit ausruhen. Je anstrengender die Arbeit ist, desto mehr oder längere Pausen benötigen wir. Pausen sind für uns notwendig. Doch selbst wenn wir das wissen, nehmen wir uns mitunter nicht die Zeit dafür, obwohl es sogar unsere Produktivität erhöht. Studien haben gezeigt, dass Menschen, die zwischen konzentrierten Aufgaben kurze Pausen einlegen, effizienter arbeiten. Das Thema ist so wichtig, dass die Bundesanstalt für Arbeitsschutz und Arbeitsmedizin 2016 einen 230 Seiten starken Bericht zu diesem Thema veröffentlicht hat[19]. Und doch fällt uns dies oft schwer, stattdessen bewegen wir uns pausenlos von einer Aufgabe zur nächsten. Deshalb habe ich ein paar Ideen entwickelt, mit denen Sie es schaffen, regelmäßig kleine Pausen einzulegen und Ihre Effektivität zu erhöhen.

1. Stellen Sie sich einen Timer oder schaffen Sie sich eine langsame Sanduhr an. Dann machen Sie nach 45 bis 60 Minuten eine Pause von fünf Minuten (kurzer Timer oder schnelle Sanduhr). Wichtig ist, dass Sie nicht genötigt sind, permanent auf die Uhr zu schauen, weil das schon wieder eine Aufgabe ist, die den Elefanten weitere Aufmerksamkeit kostet. Deshalb verknüpfen Sie bitte eine angenehme Empfindung damit. Verwenden Sie eine Uhr, die für Sie leicht zu bedienen ist und mit der Sie etwas Positives verbinden. Vielleicht ertönt Ihr Lieblingslied als Weckruf.

2. Tragen Sie sich nach Meetings, Gesprächen, Absprachen zu Projekten oder anderen Terminen, die nicht so genau planbar sind, im Anschluss eine Pause in Ihren Kalender ein. Pausen sind, genauso wie Fahrtzeiten, einzuplanen. Verbinden Sie die Pause mit etwas Bewegung, am besten an der frischen Luft, damit Sie einen klaren Schnitt zwischen unterschiedlichen Terminen machen. Dadurch wird der Kopf frei und Sie verarbeiten nicht noch Altlasten, während schon neue Informationen dazukommen. Das ist absolut ineffizient. Die Menschen, mit denen Sie sprechen, werden es Ihnen ebenfalls danken, weil sie Ihre volle Aufmerksamkeit erhalten.

3. Wenn Sie in einem Beruf arbeiten, in dem Termine sehr schlecht zu planen sind, dann vereinbaren Sie mit sich selbst, wie viele Pausen Sie am Tag mindestens machen werden. Dann nehmen Sie sich so viele Objekte, wie Sie Pausen machen wollen, und stecken diese in die Tasche.

Es sollten auch hier positiv belegte Objekte sein. Hier lassen sich eventuell Herzen aus kleinen Steinen oder Brillanten verwenden (es müssen ja keine echten sein). Wenn Sie eine Pause machen, wandert ein Objekt in ein Glas, das neben Ihrem Arbeitsplatz steht. Am Abend müssen alle Objekte im Glas sein. Sie können natürlich auch zwei Schalen auf den Tisch stellen und die Herzen im Laufe des Tages von der einen in die andere befördern. So sehen Sie, ob Sie genug Pausen einhalten.

4. Planen Sie ein oder zwei Pausen fest mit etwas ein, das Ihnen Energie schenkt. Das kann ein kurzes Gespräch sein, ein kleiner Spaziergang, Ihr Lieblingsmusiktitel oder ein Video zum Lachen. Dann freuen Sie sich schon darauf und der Elefant vergisst bestimmt nicht, Sie im Laufe des Tages daran zu erinnern.

Was passiert eigentlich, wenn wir keine Pausen machen? Auch dafür möchte ich ein kleines Bild entwerfen, damit Sie auf keinen Fall vergessen, regelmäßig Energie zu sammeln. Stellen Sie sich eine Regentonne vor, die dafür sorgt, dass Ihr Garten immer genug Wasser bekommt. Der Auslaufhahn ist nicht ganz unten, sondern ein kleiner Rest Wasser befindet sich immer im Tank, sozusagen um die Notversorgung auch im System zu gewährleisten. Wenn der Füllstand mittlerweile so tief gesunken ist, weil Sie permanent den Garten wässern müssen, dass er unter den Auslaufhahn fällt, übernimmt die Notversorgung die Regie.

Bei uns Menschen sieht das dann so aus, dass wir Kolleginnen oder Familienmitgliedern gegenüber unfreundlich sind, dass wir nicht mehr zuhören, was andere sagen, dass wir unsere Emotionen auch bei Kleinigkeiten nicht mehr im Griff haben. Wir kennen nur noch »An« oder »Aus«, aber kein Feintuning mehr. Das passiert, wenn wir kein Wasser im Tank bzw. keine Energie mehr haben. Dies ist ein Zustand, den wir alle kennen, der aber weder förderlich noch erwünscht ist. Idealerweise verbinden wir die Pausen mit etwas, das uns Genuss schenkt, dann erhalten wir in kurzer Zeit mehr Energie zurück und wir kommen schnell aus dem Stand-by-Modus. Aber wenn wir uns permanent um den Minimalpegel bewegen, dann ist das ungeschickt, denn wir machen schneller Fehler, kommunizieren nicht wertschätzend und werden langsamer. Deshalb sorgen Sie besser rechtzeitig dafür, dass Sie immer genug Wasser in der Tonne haben.

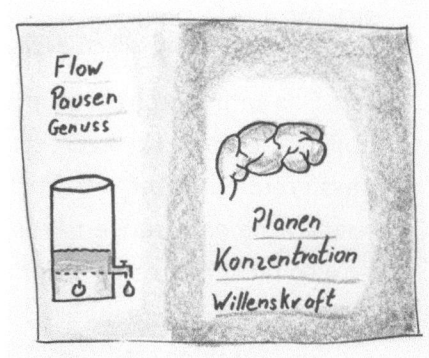

Zum Auffüllen unseres Energietanks ist Lachen eine wundervolle Möglichkeit. Bestimmt haben auch Sie schon häufiger die Erfahrung gemacht, dass ein herzliches Lachen Wunder wirkt. Lachen wirkt wie ein Schwamm über einer Schultafel: Das Belastende wird weggewischt. Man fühlt sich erfrischt und sieht mit einem Mal wieder Möglichkeiten, wo zuvor nur Blockaden im Weg gestanden haben. Deshalb verkneifen Sie sich bitte auf keinen Fall ein Lachen, sondern suchen Sie ganz im Gegenteil nach Wegen, Humor in Ihren Alltag zu integrieren. Das kann durch amüsante Videos, gute Witze, die Sie den Kolleginnen und Kollegen erzählen, oder über andere Wege passieren. Ein Nebeneffekt dabei ist, dass Sie im Anschluss sogar Problemlösungen kreativer angehen können. Lachen ist also nicht nur gesund, sondern auch noch effektiv.

Im letzten Kapitel habe ich über den Umgang mit blockierenden Gefühlen und Gedanken gesprochen. Doch was passiert bei positiven Emotionen? Die Forschung bringt immer wieder neue Studien zur Wirkung positiver Gefühle heraus. So habe ich weiter oben schon auf die Wechselwirkung mit der Stärkung des Immunsystems hingewiesen. Aber es gibt noch weitere beeindruckende Resultate[20]. Zuerst einmal erweitert sich unsere Wahrnehmung, wir können also mehr Dinge aufnehmen, als wenn wir unangenehme Gefühle empfinden. Dadurch sehen wir neue Chancen. Dann können wir auch besser in die soziale Interaktion mit anderen gehen, da wir besser wahrnehmen, wie es den anderen im Moment geht. Wir können uns gezielter auf diese Personen einstimmen. Gerade als Führungskraft ist das eine Fähigkeit, die ganz entscheidend dafür ist, wie gut wir unsere Führungsrolle ausüben. Darüber hinaus fördern positive Emotionen die positive Selbstwahrnehmung und das Gefühl der Selbstwirksamkeit. Das ist ein wesentlicher Faktor dafür, dass wir uns an herausfordernde Aufgaben trauen, dass wir andere Menschen inspirieren und als charismatisches Vorbild gesehen werden. Wir speichern auch Gelerntes besser ab, wenn wir in einem positiven Gefühlszustand sind. Dies zeigt: Angenehme Gefühle bewusst zu aktivieren, lohnt sich auf vielfältige Art und Weise. Deshalb habe ich ein paar Inspirationen für Sie, wie Sie dies tun können.

Wenn Sie Ihre Mitmenschen fragen, wie es ihnen geht, bekommen Sie bei positiver Stimmungslage normalerweise die Antwort: »gut«. Doch es gibt noch weitere Worte, die angenehme Gefühlszustände beschreiben. Das eigene Repertoire zu erweitern hilft, diese Gefühle im Alltag auch schneller wahrzunehmen. So könnten Sie z. B. freudig erregt oder gelassen sein. Sie könnten sich dankbar fühlen, hoffnungsvoll oder stolz. Natürlich gibt es noch weitere angenehme Gefühlsworte, die einen Zustand differenzierter beschreiben als »gut«. Spüren Sie in sich hinein und nehmen Sie bewusst wahr, wie Sie sich fühlen und wo Sie dieses Gefühl in Ihrem Körper wahrnehmen. Je vielfältiger wir unseren Zustand beschreiben können, desto umfassender lernen wir uns selbst kennen. Das ist eine Grundvoraussetzung, um uns später auch besser in andere Menschen hineinversetzen zu können.

Womit wir schon beim nächsten Tipp sind: Gefühle spüren wir in unserem Körper. Wir nehmen sie auf individuelle Art wahr. Diese Wahrnehmung bewusst in den Fokus zu nehmen, fördert angenehme Gefühle. Ich gebe Ihnen ein Beispiel, wie das bei mir aussieht: Wenn ich morgens mit dem Hund über den Gupf laufe, kann ich weit in die Eifel hineinschauen. Das gibt mir ein Gefühl der Gelassenheit und Freude zugleich. Diese Emotion kann ich vor allem in meinem Brustbereich spüren. Es ist so, als wäre dort eine Luftpolsterfolie mit lauter kleinen Bläschen. Diese weiten sich in einem warmen orangefarbenen Licht und spenden wohlige Wärme. So fühlt sich dieser Moment und dieses Gefühl für mich an. Ich spüre also erst, wo ich es im Körper lokalisiere, und dann, aus welchem Material es besteht und ob es eine Richtung hat. Ist es leicht oder schwer, zieht es nach oben, außen oder unten? Dann schließe ich die Augen und kann sogar die Farbe erkennen, die dieses Gefühl für mich hat. Es ist nicht zu verwechseln mit dem Gefühl der Heiterkeit, wenn ich mich über etwas freue. Gönnen Sie sich einmal den Spaß und sortieren Sie angenehme Gefühle auf diese Art und Weise. Zum einen macht es einfach Freude, zum anderen hilft es, den Fokus darauf zu legen. Und Sie erfahren, wie Sie Ihre Gefühlszustände konkretisieren können.

Ich möchte Ihnen noch eine weitere Inspiration mitgeben. Gehen Sie durch Ihr Fotoalbum und suchen Sie sich Momente heraus, bei denen Sie sich sofort an etwas besonders Schönes zurückerinnern. Das Betrachten des Bildes sollte bei Ihnen intensive angenehme Gefühle hervorrufen. Drucken Sie solche Bilder aus oder legen Sie dafür einen speziellen Ordner auf Ihrem Desktop an. Sie können sie auch als Bildschirmschoner oder Hintergrundbild verwenden. Wenn Sie die Bilder ausdrucken, können Sie entweder einen Plexiglas-Würfel mit sechs ausgewählten Situationen bestücken oder Sie legen die Bilder in eine persönliche Schatzkiste. Und jedes Mal, wenn Sie eine Aufmunterung oder eine angenehme Abwechslung brauchen, ziehen Sie eines hervor und versenken sich in die früher erlebte und abgespeicherte Situation. Tauchen Sie, wie bei einem guten Kinofilm, für einen Augenblick ganz in diesen Moment ein und erleben ihn nochmals. Das, was Sie an Schönem erlebt haben, kann Ihnen nichts und niemand nehmen. Das ist eines der wunderbaren Dinge an unserem Denken und den angenehmen Erfahrungen: Sie bleiben uns erhalten.

Zum Abschluss dieses Kapitels folgt eine Intervention, die einige der Punkte, über die ich geschrieben habe, verbindet: der Genussspaziergang.

Wie oft laufen wir durch unsere Umwelt, ohne sie wirklich wahrzunehmen? Wir befinden uns in Gedanken, halten den Kopf gesenkt und sind erstaunt, dass wir schon wieder am Zielort angekommen sind und uns gar nicht an den Weg erinnern. Bei diesem Genussspaziergang geht es darum, den Fokus ganz bewusst auf unsere Umwelt zu legen. Ich kann alle Sinne einsetzen oder den Schwerpunkt auf das legen, was ich höre, was ich sehe oder rieche. Beim Schauen kann es förderlich sein, den Blick auf eine ungewohnte Richtung oder Sichthöhe zu richten und einmal nur zu betrachten, was am Rand des Weges blüht oder ausschließlich nach oben auf Dächer zu blicken. Dabei geht es also nicht darum, möglichst viel Wegstrecke zurückzulegen, sondern den Weg mit voller

Aufmerksamkeit zu erforschen. Statt den Blick nach außen zu richten, kann ich auch den Fokus auf meinen Körper legen und voller Staunen wahrnehmen, wie es sich anfühlt, einen Schritt vor den anderen zu setzen. So nehme ich wahr, wie es ist, das Gewicht des Körpers von einem Fuß auf den anderen zu verlagern und dabei die ganze Kette über die Fußgelenke, die Waden, die Knie und Hüften zu verfolgen. Wenn Sie besonders achtsam sind, spüren Sie bestimmt sogar bis in den Brust- und Schulterbereich die Veränderung, die bei jedem einzelnen Schritt passiert. Auch hier gilt es nicht, etwas Neues zu kreieren, sondern das, was da ist, wahrzunehmen und wertzuschätzen. Unser Körper ist ein Wunderwerk, das für mich immer wieder voller Überraschungen steckt. Ich werde nicht müde, immer wieder andere Aspekte wahrzunehmen, die ständig vor sich gehen. Angefangen von den Körperfunktionen des Stoffwechsels, der Atmung über die Flexibilität und Festigkeit der Haut bis zur Beweglichkeit. Einen Genussspaziergang machen Sie idealerweise in der Natur, aber natürlich eignet sich auch jeder andere Ort, wo Sie einen Moment die Zeit verlangsamen und aus dem hektischen Treiben aussteigen können. Empfehlenswert ist es, sich ein festes Zeitfenster dafür zu gönnen und den Wecker zu stellen, damit Sie mit Ihrem Fokus ganz bei Ihnen und Ihrer Wahrnehmung bleiben. Entscheiden Sie entweder vorher oder auch ganz spontan, welchen Ihrer Wahrnehmungskanäle Sie in diesem Moment die Führung anvertrauen. Experimentieren Sie und lassen Sie sich angenehm überraschen.

ZUSAMMENFASSUNG

- Unser analytischer Verstand sollte immer in Übereinstimmung mit dem impulsiven Anteil stehen, damit wir nicht zu viel Energie aufbringen müssen (Reiter und Elefant).

- Wenn unsere Energiereserve unter ein bestimmtes Maß sinkt, versagt die Impulskontrolle.

- Pausen sind ein wesentlicher Aspekt, um die Energiespeicher wieder zu füllen.

- Humor ist ebenfalls sehr belebend für unseren Energiehaushalt.

- Positive Gefühle sind nicht nur angenehm, sondern fördern auch unsere soziale Kompetenz, die Aufnahmefähigkeit und das Gefühl der Selbstwirksamkeit.

- Räumen Sie deshalb positiven Gefühlen einen festen und bewussten Platz in Ihrem Alltag ein.

EIN TELLER VOLLER GESUNDHEIT

In den Vereinigten Staaten wollte man es Menschen einfacher machen, gesunde Nahrungsmittel zu wählen. Deshalb entstand die Idee, einen Teller mit denjenigen Komponenten zu gestalten, die bei den täglichen Mahlzeiten vorrangig verwendet werden sollten[21]. Dies waren Gemüse, Obst, Nüsse usw. statt Pommesfrites und Burgern. Die Menschen sollten so angeregt werden, sich mit den Zutaten, die dort zu finden sind, ihre Mahlzeiten zu kochen. Statt Verbote auszusprechen, sollten sie über eine ansprechende Optik und ausreichende Auswahl zu gesünderem Essverhalten angeregt werden. Ich gebe zu, ich weiß nicht, wie erfolgreich die Initiative war, aber darum soll es im Moment auch nicht gehen. Denn wir kommen ja gerade von den Pausen und der Bedeutung für das Auffüllen unseres Energiespeichers.

Dr. Daniel Siegel hat das Bild des gesunden Tellers genutzt, um daraus einen Teller für die seelische Gesundheit zu kreieren[22].

Der »healthy mind platter« besteht aus sieben Komponenten, die gemeinsam für eine höhere seelische und damit auch bessere allgemeine Gesundheit sorgen. Es gibt dabei kein perfektes Maß für die Zusammenstellung, also keine Angabe wie etwa: zwei Teile »Play Time« und drei Teile »Connecting Time«. Die Zusammensetzung ist abhängig von der Person und den momentanen Umständen. Aber die Komponenten sollten alle 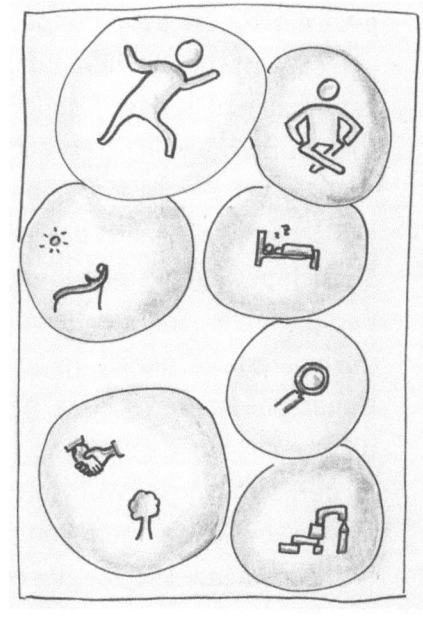 ihren Platz im Leben und damit im Tages- oder Wochenrhythmus einnehmen. Das Schöne bei diesem Bild ist, dass es allein über das Bewusstwerden, welchen Blickwinkel wir auf die momentan vorhandenen Aktionen in unserem Alltag einnehmen, ein angenehmes Gefühl auslöst. Doch bevor wir uns diesem Aspekt widmen, folgen erst einmal die Zutaten für den »healthy mind platter«.

PHYSICAL TIME – dass wir Bewegung brauchen, damit sich unser Körper wohlfühlt, ist bekannt. Doch wenn wir uns bewegen und körperlich aktiv sind, dann tun wir gleichzeitig etwas für unser Gehirn, unsere Denkleistung, ebenso für unser emotionales Wohlbefinden. Ich gehe zu einem späteren Zeitpunkt noch spezifischer auf den Bereich der Bewegung ein.

Jetzt möchte ich Sie dafür sensibilisieren, welche Auswirkungen körperliche Aktivität auf unsere Stimmung hat. Bestimmt kennen Sie folgende Situation: Sie sind eigentlich sehr müde und würden am liebsten auf dem Sofa Platz nehmen, aber weil Sie sich verabredet haben, gehen Sie zum Sport. Mühevoll schleppen Sie sich dorthin und starten lustlos. Während Sie sich bewegen, steigt Ihre Laune, und nach dem Sport haben Sie mehr Energie als vorher. Und das, obwohl Sie sich doch gerade körperlich verausgabt haben. Wie kann das sein? Genau das ist die Wirkung, die Bewegung auf uns ausübt. Sie dient nicht nur dem Abbau von Stress, sondern ist generell förderlich für unser Wohlgefühl.

Wie können Sie mehr von dieser Wunderwaffe in Ihren Alltag übertragen? Hierfür gibt es einige Möglichkeiten: Nehmen Sie die Treppe statt den Aufzug. Nutzen Sie Pausen, um sich einmal ganz bewusst zu recken und zu strecken. Machen Sie Mini-Übungen im Büro, die Sie nicht zum Schwitzen bringen. Spazieren Sie vor und nach anstrengenden Einheiten eine kleine Runde um den Block. Parken Sie das Auto 500 Meter weiter entfernt. Es müssen nicht immer große und lange Einheiten sein, auch viele kleine Unterbrechungen der Arbeitsroutine sind hilfreich. Und natürlich ist dann auch der Sport oder die körperliche Aktivität Ihrer Wahl nach Feierabend wichtig. Doch wie gesagt, später folgen weitere Ausführungen zum Thema Bewegung und Sport, jetzt gehen wir zur nächsten Komponente unseres Tellers über.

TIME IN – Achtsamkeit und innere Ruhe kennzeichnen diese Aktivitäten. Um die Verbindung mit uns und unseren Gefühlen immer wieder herzustellen, ist es wichtig, dass wir uns dafür bewusst Zeit nehmen. Während wir in ganz vielen Momenten des Alltags im Autopilot-Modus unterwegs sind, ist es notwendig, dass wir hier ganz bewusst und kontrolliert auf uns achten. Wir verlangsamen die Zeit für einen Moment, lassen das Außen vorbeiziehen und fokussieren uns auf das, was uns gerade bewegt. Welche Bilder und Gefühle prägen uns im Moment, welche Gedanken beschäftigen uns im Hintergrund? Um hier Ordnung und Ruhe zu erzeugen, ist es notwendig, wahrzunehmen, was uns beschäftigt. Wir nehmen dies wahr, ohne zu bewerten und lassen diese Gefühle und Gedanken dann auch ziehen. All das erfolgt so, als würde man Wolken am Himmel betrachten, aber nicht den Wolken folgen, sondern sie vorbeiziehen lassen. Dadurch wird man selbst wieder ruhiger, tritt aus dem Hamsterrad des Aktionismus hinaus und fokussiert sich. Dies ist eine unabdingbare Voraussetzung, um später wieder voller Energie und Klarheit die nächsten Aufgaben anzupacken.

Der beste Weg für mich ist es, mich auf meinen Atemrhythmus zu fokussieren, zu spüren, wie der Atem ein- und ausströmt und wie sich bei jedem Atemzug der Brustkorb ganz sanft hebt und wieder senkt (wenn Sie sich eine angeleitete Atemmeditation[23] wünschen, ich habe dafür eine kurze Anleitung bei YouTube eingestellt).

Aber Sie können auch in Ihren Körper hineinspüren, fühlen, wo er sich leicht und wo er sich schwer anfühlt, wo Energie vorhanden ist und wo sie durch Anspannung blockiert wird. Auch können Sie versuchen, Menschen vor Ihrem Fenster zu beobachten, wie von einem anderen Planeten aus, ohne dass Sie Verbindung zu Ihnen aufnehmen. Sie können Blätter eines Baumes betrachten und diese zählen oder die unterschiedlichen Schattierungen von Grün feststellen. Es geht dabei gerade nicht darum, etwas Sinnvolles zu tun, sondern Ruhe einkehren zu lassen. Statt also den ganzen Tag mit Vollgas unterwegs zu sein, fahren Sie kurz in die Box und lassen Ihre innere Crew checken, ob kleine Reparaturen ausgeführt werden müssen, ob irgendwo etwas nachgefüllt gehört. Gönnen Sie sich diese Unterbrechungen, kehren Sie in sich selbst ein, dann können Sie die Führung wieder kraftvoll übernehmen.

SLEEP TIME – Guter Schlaf ist essenziell für die Performance. Der Gedanke, dass man Leistungsfähigkeit dadurch beweist, dass man möglichst wenig schläft und dafür die halbe Nacht durcharbeitet, ist falsch. In der Nacht sortiert das Gehirn all die Dinge, die es während des Tages aufgenommen hat, in das bestehende Netzwerk ein. Das passiert in verschiedenen Phasen, durch die unser Schlafrhythmus geprägt ist. Am bekanntesten ist die REM-Phase, in der sich die Augen unter den geschlossenen Lidern stark bewegen. Ein Schlafzyklus dauert circa 90 bis 120 Minuten. Das sind die Einheiten, in die unsere Nacht aufgeteilt ist. Gönnen wir uns nicht mehrere dieser Zyklen, kann unser Gehirn die am Tag angestauten

Informationen nicht einordnen. Sie liegen am nächsten Tag quasi noch immer in der Warteschleife. Das ist so, als wenn wir einen Warteraum beim Arzt betreten. Alle haben einen Termin bekommen und werden der Reihenfolge nach hineingerufen. Wenn aber am Nachmittag noch Patienten vom Vormittag den Warteraum blockieren, dann können die neu hinzukommenden Patienten nicht hinein. Dadurch entstehen Ärger und Frustration, und so können wir die anstehenden Aufgaben nicht mit voller Konzentration erledigen.

Außerdem passiert nachts etwas in unserem Hirn, das erst in den letzten Jahren immer klarer erforscht wurde: Es wird gereinigt. Stellen Sie sich vor, in einer Metropole soll innerhalb kürzester Zeit das gesamte Kanalsystem gereinigt werden. Allerdings gibt es keinen so starken Wasserdruck, dass man die kleinen Abzweige und engen Wege damit befreien würde. Dann würden immer nur die Hauptstraßen gereinigt werden und der Rest würde immer schmutziger werden. In unserem Gehirn sind aber alle Verbindungen und Wege wichtig. Gleichzeitig ist hier kaum Platz, weil wir all unsere Hirnzellen benötigen, um uns weiterzuentwickeln. Hierbei verfügt unser Organismus über einen beeindruckenden Effekt. Sobald wir uns in einer richtigen Tiefschlafphase befinden und keine neuen Informationen hinzukommen, ziehen sich alle Areale ein minimales Stück zusammen. Um im Bild der Metropole zu bleiben, ist das so, als würden die Häuser nachts etwas schrumpfen oder die Gehsteige hochgeklappt werden. Somit entsteht Platz, damit die Zwischenräume gesäubert werden können. Abfallprodukte werden ausgespült und die Behinderungen gelöst. Somit ist unser Hirn am Folgetag wieder in der

Lage, seine gesamte Kapazität auszuspielen und mit maximaler Kraft zu performen.

Ich gehe noch später darauf ein, wie es Ihnen gelingt, besser einzuschlafen, aber für den Moment sollen diese Ausführungen zum Thema Schlaf erst einmal genügen. Ich vermute, Sie haben selbst schon genug eigene Erfahrungen damit gesammelt, wie anders Sie sich fühlen und wie Ihre Leistungsfähigkeit sinkt, wenn Sie eine oder gar mehrere Nächte schlecht oder kaum geschlafen haben. Ihre Emotionsregulierung ist dann deutlich gesunken und die Fehleranfälligkeit gestiegen. Welche konkreten Erinnerungen verknüpfen Sie mit solch einem Tag oder solchen Tagen?

FOCUS TIME – Konzentriertes und fokussiertes Tun ist ebenfalls ein relevanter Bestandteil unseres Tellers. Auch wenn das erst einmal nach Anstrengung klingt, ist es doch ganz essenziell für zwei Punkte: Der erste Aspekt ist, dass wir in unserer Hirnstruktur durch das zielorientierte Planen neue stabile Verbindungen schaffen. Unsere Verbindungen im Gehirn werden dadurch ausgebaut, dass wir sie fest mit bereits vorhandenen Erfahrungen verknüpfen. Gerade das klare, fokussierte Arbeiten leistet dazu einen wichtigen Beitrag. Wir schaffen stabile und wichtige Verbindungen, die später wiederum für neue Gedanken

Anknüpfungspunkte bilden. Wir können uns unser Gehirn in dieser Beziehung wie ein riesiges dreidimensionales Netz vorstellen. Überall in diesem Netz sind unsere Erfahrungen, unsere Gedanken und Wertungen abgespeichert. Wenn wir für die Lösung von Herausforderungen eine gute Strategie gefunden haben, merkt sich unser Hirn diesen Pfad. Da verschiedene Hirnareale daran beteiligt sind, entsteht so eine etwas festere Schnur. Wenn wir diesen Pfad bewusst reflektieren oder nochmals nutzen, wird die Schnur weiter gefestigt. So entstehen nach und nach Gewohnheiten und etablierte Denkweisen. Diese wiederzufinden oder noch einmal zu benutzen, kostet uns weniger Energie, weshalb wir genau darauf gern zurückgreifen. Das gilt übrigens genauso für sinnvolle wie für weniger sinnvolle Gewohnheiten. Wenn wir also durch eine fokussierte Tätigkeit sinnvolle neue Netzwerkverbindungen anlegen oder verstärken, kostet uns das bei nächster Gelegenheit weniger Energie.

Der zweite Aspekt betrifft die Tatsache, dass Menschen persönliche Entwicklung lieben, und diese entsteht beim fokussierten Arbeiten. In der Regel stellt sich im Anschluss ein befriedigendes Gefühl ein. Wir haben etwas geleistet, und das erfüllt uns mit einem wohligen Gefühl der Zufriedenheit. Dies sorgt wiederum für die Ausschüttung von Serotonin, dem sogenannten Glückshormon. Wir sind dann in der Lage, mit mehr Schwung an andere Aufgaben zu gehen, und bewältigen diese auch mit mehr Elan. Selbst wenn fokussiertes Arbeiten erst einmal nach Aufwand klingt, hat es demnach einen wichtigen Platz auf dem Teller der geistigen Gesundheit.

PLAY TIME – Als Ergänzung zum fokussierten Arbeiten steht das spielerische Tun. Wenn wir Kinder beobachten, wird uns ganz schnell bewusst, wie viel Energie das Spielen zutage fördern kann. Mit einer schier endlosen Batterie scheinen Kinder in solchen Momenten ausgestattet zu sein. Sie vergessen, dass sie eigentlich Hunger haben müssten oder frieren. Beim Spielen schüttet der Körper eine solche Fülle an körpereigenen Opiaten aus, dass all solche Belanglosigkeiten nicht in die bewusste Aufmerksamkeit rücken.

Jetzt geht es für Erwachsene im Berufsalltag allerdings nicht darum, Gesellschaftsspiele zu spielen, sondern um den Aspekt der Leichtigkeit, der Kreativität und der offenen Neugier. In dem Moment, wo wir uns erlauben, Dinge auszuprobieren, haben wir die Chance auf den gleichen Zustand. Wichtig ist dabei, dass wir unser Tun nicht sofort bewerten, dass wir den inneren Kritiker für einen Moment ausschalten und uns ganz dem Moment widmen. Dabei ist es egal, ob wir unseren Körper mit offener Neugierde und achtsam beim Gehen verfolgen oder ausprobieren, auf welche Art wir laufen können, oder ob wir das neue Computerprogramm ohne Anleitung testen. Auch der Versuch, sich im Vorfeld in alle Teilnehmenden eines Meetings hineinzuversetzen und deren Stimmen im Kopf zu hören, hat diesen Effekt. Es gibt konventionelle und unkonventionelle Ansätze, mehr von der spielerischen Haltung in die Arbeit zu bringen. Wichtig ist, dass die eigene Einstellung in dem Moment nicht von Bewertung geprägt ist, sondern vom Probieren. Erst im Anschluss zieht man ein Resümee.

Sollten Sie das Gefühl haben, in Ihrem Beruf definitiv keine Gelegenheit dazu zu haben, dann empfehle ich Ihnen umso mehr, nach ersten Ansätzen dafür zu suchen. Zeitgleich sollten Sie aber dafür sorgen, dass Sie nach Feierabend mehr Spiel in Ihr Leben lassen. Und dabei geht es nicht unbedingt um verbissenes Skatspielen, darum, zu gewinnen, sondern lieber mit dem Hund oder den Kindern zu toben. Gönnen Sie sich regelmäßig das befreiende und energiespendende Gefühl, es hilft Ihnen auch dabei, jung zu bleiben. Bauen Sie viele solcher Gelegenheiten in Ihren Alltag ein, Sie werden merken, wie sich dadurch Ihr gesamter Gemütszustand verbessert.

CONNECTING TIME – Verbundenheit ist eines unserer Grundbedürfnisse. Genauso wie beim Spielen und Ausprobieren die Autonomie bestätigt wird, benötigen wir auch die Gewissheit, mit anderen verbunden zu sein. Im zweiten Teil dieses Buches werden wir auf den Aspekt der psychologischen Sicherheit eingehen.  Dort beschäftigen wir uns dann damit, was eine Führungskraft für die Mitarbeitenden tun kann, damit diese sich als bedeutsamer Teil eines Teams fühlen. Jetzt liegt der Fokus darauf, wie man als Einzelner in seiner Autonomie gleichzeitig Verbundenheit erleben kann. Gerade starke Gefühle möchten wir mit anderen teilen. Freude, die wir allein erleben, ist wie ein sanfter See, dessen Oberfläche vom Wind gekräuselt wird. Geteilte Freude wie ein sprudelnder Bach, der immer wieder für Überraschung sorgt. Der gleiche Auslöser sorgt für ein anderes Maß des Gefühlsausschlags, wenn wir ihn teilen können. Aber das gilt auch für Schmerz und Trauer. In diesem Fall lindert das Zusammensein den Ausschlag des Gefühls.

Verbundenheit geht allerdings darüber hinaus. Wir sind soziale Wesen, und so sehr wir uns manchmal wünschen, allein zu sein, brauchen wir grundsätzlich andere Menschen. Dies sind Personen, auf die wir uns verlassen können, wenn wir vor schweren Herausforderungen stehen, und die uns die Gewissheit geben, dass uns jemand zu Hilfe kommt, wenn wir stürzen sollten.

Machen Sie sich einmal bewusst, wie Ihr Leben aussähe, wenn Sie Ihre Kollegen nicht hätten. Es gäbe Ihren Arbeitsplatz überhaupt nicht. Egal, ob Sie Ihre Mitarbeitenden mögen oder nicht, ohne sie würden Sie nicht der sein, als der Sie sich sehen. Mit wem von all den Menschen, die Sie umgeben, empfinden Sie tatsächlich eine Verbundenheit? Mit wem lachen Sie gern und teilen Erfolge? Wem vertrauen Sie und fragen ihn um Rat, wenn Sie eine weitere Meinung brauchen? In Ihrem Alltag sollten Sie bewusst Zeit mit diesen Menschen verbringen. Egal, ob Sie kurz einen Plausch einplanen, Ihre Unterstützung anbieten oder gemeinsam zu Mittag essen, fördern Sie solche aufbauenden Begegnungen.

Außer mit Menschen können wir uns aber auch mit der Natur, mit unserer Umwelt verbunden fühlen. Ich sorge dafür, dass ich regelmäßig in die Natur komme, um zu spüren, dass ich Teil einer unermesslich komplexen Welt bin. Dass ich eingebunden bin in ein großes Ganzes und dort einen festen Platz habe. Vielleicht haben Sie einen Lieblingsort, an dem Sie ein ähnliches Gefühl empfinden. Dann sorgen Sie dafür, dass Sie dort regelmäßig Ihre Batterie aufladen. Sollten Sie im Moment noch keinen solchen Ort gefunden haben, dann gehen Sie mit offenen Sinnen durch Ihre Umwelt, vielleicht fällt Ihnen ein Baum oder der Blick über eine bestimmte Landschaft besonders auf. Dann nehmen Sie sich einen Moment Zeit, um dort das Gefühl von Verbundenheit auszukosten. Gerade in fordernden Zeiten kann dieser Ort extrem hilfreich sein.

DOWN TIME – Zeit zum Entspannen brauchen wir natürlich ebenfalls. Dies sind Augenblicke, in denen wir die Gedanken schweifen lassen, keine Aufgabe bewältigen und uns auch nicht auf unser inneres Erleben fokussieren. Wie beim Schlafen können unsere Erlebnisse verarbeitet werden, wenn wir unsere Gedanken nicht einer konkreten Sache zuwenden. Dann können die Akkus aufgeladen werden, die uns im Anschluss helfen, wieder mit Freude und Energie an Bevorstehendes zu gehen.

Dies sind die Momente, in denen wir auf einer Bank sitzen, dem Treiben ohne Wertung zuschauen, den Geräuschen lauschen oder einfach Musik zum Entspannen hören, die Augen schließen und uns von den Tönen forttragen lassen. Wenn Sie gut abschalten können, ist auch das Powernapping eine gute Wahl. Hierbei kommen wir für einen kurzen Moment ganz zur Ruhe, sodass wir sogar einschlafen. Mein Vater konnte das während seiner Berufstätigkeit wunderbar, indem er einen Schlüsselbund in der Hand hielt, während er auf dem Sofa lag. Sobald er richtig einschlief, öffnete sich die Hand, die Schlüssel fielen auf die Fliesen und er wachte von dem Geräusch auf. Aber es geht auch ohne diese Mini-Schlaf-Session.

Wobei gelingt es Ihnen am besten, für einen Moment aus dem Tun auszusteigen und die Gedanken wandern zu lassen? Integrieren Sie solche Augenblicke in Ihren Alltag und Sie werden merken, welchen Energiegewinn Sie daraus ziehen. Es verschafft Ihnen Energie, die Ihnen zu mehr Konzentrationsfähigkeit und gleichzeitig zu höherer Emotionskontrolle verhilft. Menschen in kreativen Berufen erleben häufig genau in diesen Momenten ihre Inspirationen. Dadurch, dass sie sich vorher auf das Thema fokussiert, darüber nachgedacht und reflektiert haben, können sie dem Unterbewusstsein die Zusammenführung überlassen. Dieses ist dann in der Lage, neue Verbindungen zu generieren, die sogenannten Geistesblitze leuchten zu lassen.

Uns bewusst zu machen, wo wir unsere Energie wieder aufladen, ist extrem hilfreich. Deshalb versuchen Sie, im Laufe einer Woche all die angesprochenen Komponenten zu integrieren. Dadurch achten Sie auf eine gute Balance zwischen Leistung und Erholung. Es gibt allerdings noch zwei weitere Aspekte, die mit diesen Punkten einhergehen. Der eine betrifft die Kombination unterschiedlicher Menüpunkte. Statt nur spazieren zu gehen, können Sie dies mit Achtsamkeit verknüpfen. Dann verbinden Sie Bewegung mit »Time in«. Sie gewinnen also doppelt. Zudem können Sie gezielt Bereiche verbinden und mit anderen teilen. Führen Sie Gespräche mit Mitarbeitenden während des Gehens oder machen Sie sich bewusst, dass das Gespräch im Flur keine

Zeitverschwendung ist, sondern auf die Beziehungszeit einzahlt. Durch die Betrachtungsweise verstärken wir die positiven Aspekte und tun so noch mehr für unsere Gesundheit und Erholung. Im Download-Bereich finden Sie eine Tabelle, die Sie ideal als Grundlage nutzen können. Im Anschluss können Sie sich dazu ein paar Fragen beantworten:

- Was hilft mir, mich zufrieden und ausgeglichen zu fühlen?

- Welchen Aspekten sollte ich mehr Zeit und Raum geben?

- Was genau kann ich tun, um gewünschte Elemente stärker in meinen Alltag zu integrieren?

- Wo bin ich schon gut aufgestellt?

ZUSAMMENFASSUNG

- Um ein ausgewogenes Maß an Aufladephasen zu nutzen, hat Dr. Daniel Siegel sieben verschiedene Bestandteile definiert.

- Die Komponenten Bewegung, Spiel, Verbindung, Achtsamkeit, Fokus, Ruhe und Schlaf sollten individuell ausgewogen in unseren Alltag integriert werden.

- Oft lassen sich Komponenten verknüpfen.

- Sich bewusst zu machen, dass man gerade etwas für seine Gesundheit tut, verstärkt diesen Effekt zusätzlich.

- Schreiben Sie sich eine Tabelle mit Ihren persönlichen Zutaten für eine gute psychische Gesundheit, damit Sie nicht vergessen, regelmäßig an sich zu denken.

INNERE ANTREIBER UND GLAUBENSSÄTZE

In vielen Fällen stehen wir uns selbst am meisten im Weg. Die Ansprüche, eine Sache ganz perfekt zu machen, oder das Gefühl, Zeit zu verlieren, führen zu innerem Druck und Stress. Es gibt fünf klassische innere Antreiber. Das sind Formulierungen, die wir uns selbst in persönlicher Art und Weise immer wieder vorsagen. Meist sind diese während unserer Kindheit entstanden. Wir wollten unseren Eltern gefallen und ihre Aufmerksamkeit und Liebe erhalten. Dann haben wir unsere gute Leistung mit der gewonnenen Aufmerksamkeit verknüpft und uns so Leitsätze errichtet, die uns meist ein Leben lang begleiten. Haben uns unsere Eltern z. B. immer dann besonders gelobt, wenn wir eine Sache richtig gemacht haben, wenn keine Fehler mehr zu sehen waren, dann entstand so der Gedanke: »Wenn ich etwas perfekt mache, bekomme ich Liebe«. Also haben wir uns bemüht, die Dinge perfekt zu Ende zu bringen. Konnten die Eltern noch Fehler entdecken, dann war das schlimm. Gleiches galt, wenn wir immer dann gelobt wurden, wenn wir etwas schnell beendeten und nicht trödelten. Dann entstand der Satz: »Beeil Dich!«

Es muss aber nicht immer von den Eltern ausgehen. Auch Gruppen, zu denen man unbedingt gehören möchte, können solche Antreiber formen. Bei mir war z. B. der Wunsch dazuzugehören sehr stark ausgeprägt. Ich wollte gern den Kameraden meines älteren Bruders gefallen, damit diese mich respektierten. Je stärker ich mich ausgegrenzt fühlte, umso mehr buhlte ich um die Zugehörigkeit. So entstand bei mir der innere Antreiber: »Mach es allen recht!« Weitere typische Formulierungen sind: »Sei stark!« und »Streng Dich an!«. Bestimmt erkennen Sie mindestens einen davon wieder, weil Sie selbst nach genau solch einer Richtschnur agieren, die Sie immer wieder antreibt. Das Tolle dabei ist, dass dieses Verhalten uns auch zu dem gemacht hat, der wir heute sind. Ich z. B. kann mich nach wie vor sehr gut in andere Menschen hineinfühlen. Ich bin empathisch und bemühe mich in Trainings, es den Teilnehmenden so passend wie möglich zu machen. Die inneren Antreiber haben somit einen wesentlichen Anteil an unserem Erfolg. Gleichzeitig ist es so, dass sie uns manchmal behindern. Ich durfte z. B. lernen, mich auch abzugrenzen. Meine eigenen Bedürfnisse zu formulieren und zu vertreten war eine echte Herausforderung. Menschen mit dem Perfektionismus-Antreiber haben oft Schwierigkeiten, Aufgaben abzugeben. Sie glauben, es sei so noch nicht perfekt, und sorgen sich

darum, dass noch Fehler zu finden seien. Auch meinen sie, alles selbst erledigen zu müssen, weil niemand es so perfekt machen könne wie sie selbst. Das führt auf Dauer zu Unzufriedenheit und Überlastung. Wenn Sie Ihre Antreiber nicht auf Anhieb identifizieren, können Sie gern einen kleinen Test durchlaufen, der Ihnen diesen ins Bewusstsein holt. Ich habe den Test im Download-Bereich des Buches hinterlegt.

Was also tun, wenn man erkennt, dass man sich durch Überbetonung eines Antreibers schadet? Wir können ihn nicht einfach über Bord werfen. Der Elefant in uns mag Gewohnheiten und hält daran fest, auch wenn es auf Kosten der Gesundheit geht. Es gibt diverse Strategien. Die besten Erfolge habe ich damit erzielt, dass ich eine abmildernde Ergänzung implementiert habe. Ich bleibe noch einmal bei meinem persönlichen Beispiel. Den Satz »Mach es allen recht!« habe ich ergänzt durch «... auch Dir selbst.« Wenn also die innere Stimme mich antreiben will, ergänze ich fast automatisiert, dass ich mich selbst dabei nicht vergessen darf. So schwäche ich die Wirkung ab, versuche aber nicht, die Stimme zu verdrängen. Denn das hieße nichts anderes, als innerlich Druck aufzubauen. Und Druck wird mit Gegendruck beantwortet. Mir würde es nicht gut gehen, wenn ich behaupten würde, dass mir andere Menschen egal seien. Da würden Anteile von mir in hohem Maße protestieren, weil es nicht der Wahrheit entspräche.

Dabei sind wir bei einer weiteren Variante von Antreibern. Friedemann Schulz von Thun prägte das Bild des inneren Teams in unserem Kopf[24]. Er verglich den Chor der inneren

Stimmen mit Darstellern auf einer Theaterbühne. Manche meinen, immer ganz vorn im Rampenlicht stehen zu müssen, andere halten sich gern hinten in einer ruhigen Ecke auf. Jetzt gilt es, etwas Ordnung und Struktur in dieses Ensemble zu bekommen. Auch da macht es keinen Sinn, der »Rampensau« zu sagen, sie solle Platz machen. Natürlich können wir unsere präsente innere Stimme für einen Moment zur Ruhe bringen, aber sie meldet sich kurz danach umso lauter wieder. Und sollten wir diesmal einen Misserfolg erleiden, weil wir nicht auf sie gehört haben, wird sie in Zukunft ihren Platz nur umso vehementer verteidigen. Sinnvoller ist es, einen mäßigenden Anteil zur Seite zu stellen. Also zum perfekten z. B. einen besonnenen, der darauf hinweist, dass wir dadurch nur wenig erledigt bekommen. Und dass wir auch einmal ausprobieren können, ob es bei der ein oder anderen Sache nicht besser sei, mehr zu schaffen als wenig – und dass Fehler nicht so dramatisch sind, wie wir manchmal im ersten Impuls annehmen. Außerdem könnten wir uns darauf verlassen, dass wir ohnehin gut und ordentlich arbeiten, sodass die Gefahr eines Fehlers äußerst gering ist. Sie sehen, das Ganze kann man sich wirklich wie einen Dialog auf einer Bühne vorstellen. Damit wird der innere Antreiber wertgeschätzt, bekommt aber auch ein Gegengewicht. Überlegen Sie doch jetzt einmal, welcher Anteil bei Ihnen für mehr Balance sorgen kann. Was würde er als Argumente einbringen?

Ein weiterer Ansatz dazu führt den Gedanken von Darstellern noch etwas weiter. Geben Sie dem Antreiber, der Sie behindert, eine Gestalt oder zumindest ein Gesicht. Vielleicht war Ihr Französischlehrer ein strenger Pedant und sprach mit leicht nasalem Akzent. Dann verknüpfen Sie dessen Gestalt oder Gesicht mit dem Antreiber von »Sei perfekt« und lassen seine Kommentare in Ihrem Kopf nasal klingen. Vielleicht verzerren Sie sogar die Tonlage oder Sprechgeschwindigkeit noch etwas, sodass Sie darüber schmunzeln. Damit hören Sie zwar die Botschaft, lassen sich jedoch nicht so stark beeindrucken. Das Ganze funktioniert auch mit Comicfiguren oder Tieren. Lassen Sie Ihre Fantasie die passende Gestalt finden und verknüpfen Sie jedes Mal, wenn Ihr Perfektionismus Sie wieder ermahnt, Figur und Stimme mit dem Hinweis. Wichtig hierbei ist auch eine gewisse Regelmäßigkeit, mit der Sie üben, denn es braucht Zeit und Wiederholungen.

Glaubenssätze sind ähnlich wie die inneren Antreiber, allerdings gibt es eine Unmenge davon. Entstanden sind sie ebenfalls meist in der Kindheit, wenn man immer wieder eine Aussage gehört hat, die einen selbst definiert. Das kann so etwas sein wie »Du schaffst das sowieso nicht!« oder auch »Du kannst nicht zeichnen oder singen!«. Wir übernehmen solche Äußerungen über uns selbst und betrachten sie als wahr. Damit berauben wir uns aber der persönlichen Entwicklung, denn wir sehen diese Aussagen als uns definierende Attribute an. Wir halten uns dann für unfähig oder unmusikalisch. Dabei sind die wenigsten Menschen von Geburt an schon in der Lage, all die Dinge zu tun, die sie im späteren Leben brauchen. Wir lernen und benötigen Zeit, um uns zu entwickeln. Nur weil wir im Moment etwas nicht können, heißt das nicht automatisch, dass wir dies nicht in Zukunft erlernen können. Haben Menschen einen Glaubenssatz allerdings verinnerlicht, identifizieren sie sich damit und stellen die Aussage nicht infrage. Sie glauben an den Wahrheitsgehalt, ohne Widerspruch einzulegen. Und genau hier liegt der Hebel, an dem wir ansetzen können, wenn wir unsere Glaubenssätze verändern wollen.

Zuerst einmal ist es hilfreich, den Glaubenssatz zu identifizieren. Wie lautet er genau? Mir wurde z. B. als Kind nachgesagt, ich könne nicht singen. Mein Glaubenssatz war über lange Zeit sehr einfach: »Ich kann nicht singen!«. Jetzt untersucht man die Aussage auf Schwachstellen, ähnlich wie in einer Gerichtsverhandlung, bei der man als Anwalt die Behauptungen der anderen zu widerlegen versucht.

Dies könnte in meinem Fall folgendermaßen ablaufen: »Heißt das, der Angeklagte kann keine Töne produzieren?« »Nein, das nicht, aber sie klingen nicht gut.« »Was meinen Sie, wenn Sie sagen, die Töne klingen nicht gut?« »Nun ja, sie klingen schief.« »Meinen Sie damit, dass die gewohnte Harmonie oder Melodie nicht ganz getroffen wurde?« »Ja, genau das meine ich.« »Kann man denn Harmonie lernen oder ist das eine Eigenschaft, die man nicht erlernen kann?« »Natürlich kann man das durch Üben lernen.« »Prima, dann fasse ich zusammen: Im Moment kann der Angeklagte noch nicht alle gewünschten Melodien so mit seiner Stimme reproduzieren, wie es erwartet wird. Dies ist aber

erlernbar und von daher in der Zukunft auch für den Angeklagten möglich, wenn er ausreichend übt.«

In dieser kleinen Szene habe ich Ihnen die Schritte dargestellt, die zur Veränderung eines Glaubenssatzes nützlich sind. Zuerst gilt es, den Glaubenssatz zu definieren, dann wird hinterfragt, was genau damit gemeint ist. Diese Spezifizierung kommt dann auf den Prüfstand. Hierbei wird geklärt, inwieweit so eine Fähigkeit grundsätzlich erlernbar ist. Wird dies bejaht, was bei allen Fähigkeiten im Kern der Fall ist, dann ist der Glaubenssatz schon ad absurdum geführt. Statt »Ich kann nicht singen« lautet er dann »Ich kann im Moment noch nicht gut singen, dies aber erlernen«. Und mit dieser Veränderung ist es an mir zu entscheiden, ob ich die Zeit und Mühe investieren möchte, singen zu lernen. Selbst wenn kein Talent in mir angelegt ist, kann ich mich entwickeln. Damit erweitere ich meine Möglichkeiten, weil ich mich nicht nur auf die Stärken oder Talente beschränke, die ich kenne.

Ein weiterer Weg für den Umgang mit Glaubenssätzen besteht darin, nach der Ausnahme für die getroffene Behauptung zu suchen. Im Dialog mit sich selbst fragt man, ob man die betreffende Sache wirklich noch nie und in keiner Ausprägung beherrscht hat. Wenn man sich da selbst ein zögerliches »Naja« als Antwort gibt, lässt sich diese kleine Ausnahme nutzen, um sich bewusst zu machen, dass der Absolutheitsanspruch des Glaubenssatzes unzutreffend ist. So, wie er sich präsentiert, stimmt er also nicht. Dann kann man über die Ausnahmen Möglichkeiten und Motivation finden, ihn zu korrigieren.

Zu den Themen »innere Antreiber« und »Glaubenssätze« gibt es sehr viel Literatur und unterschiedlichste Wege, damit umzugehen. Prüfen Sie, welcher zu Ihnen passt, und experimentieren Sie ein wenig. Jede Veränderung ist hilfreich, weil diese inneren Zuschreibungen uns davon abhalten, neue Facetten auszuprägen und damit uns selbst zu entfalten. Öffnen Sie die Schubladen in Ihrem Kopf, die Sie über sich selbst angelegt haben und nutzen Sie Ihre Kreativität. Es lohnt sich, weil Sie damit Ihr Leben wieder selbstbestimmter gestalten können. Und es ist eine spannende Erfahrung, die auch Ihre Bewertung anderer Menschen erweitert.

ZUSAMMENFASSUNG

- Innere Antreiber und Glaubenssätze sind meist in der Kindheit entstanden und werden als unverrückbar akzeptiert.

- Um diese zu bearbeiten, hilft es, sie durch abschwächende oder mildernde Botschaften zu ergänzen.

- Ich kann im Sinne des inneren Teams auch einen mäßigenden Mitspieler stärken und den Antreiber so schwächen.

- Ist der Antreiber zu präsent, hilft es, ihm eine Gestalt und Stimme zu verleihen, die seine Wirkung abmildert.

- Glaubenssätze kann ich wie in einem Gerichtsprozess hinterfragen und bloßstellen.

- Ein weiterer Weg liegt darin, in der Vergangenheit nach Ausnahmen zu suchen.

GEDANKEN UND GEFÜHLE STÄRKEN

Die Ansätze, die Ihnen helfen, mit den kritischen Stimmen in Ihrem Kopf besser umzugehen, können Sie natürlich auch dafür nutzen, sich generell zu stärken. Die Grundvoraussetzung dafür ist allerdings Akzeptanz. Der Psychologe und Psychiater Carl Rogers hat dazu ein wundervolles Zitat geprägt: **»Das seltsame Paradoxon ist, dass wenn ich mich so akzeptiere, wie ich bin, ich die Möglichkeit erlange, mich zu verändern.«**[25]

Solange ich mich nicht in all meinen Facetten wahrnehme, werde ich auch keine dauerhafte Veränderung bewirken. Wenn Sie also einen Gedanken oder eine Eigenschaft in sich stärken wollen, dürfen Sie erst einmal alle Aspekte betrachten, die Sie dadurch entfernen wollen. Verurteilen Sie dies nicht, sondern machen Sie sich bewusst, dass dahinter eine gute Absicht steckt. Wertschätzung hilft, die Bereitschaft für Veränderung zu etablieren. Angenommen, Sie wollen durchsetzungsstärker werden. Dann empfinden Sie sich vermutlich in einigen Situationen als zu freundlich oder kompromissbereit. Unterdrücken Sie diesen Wesenszug bitte nicht, sondern akzeptieren Sie ihn. Was könnte dahinterstecken? Vielleicht ist Ihnen Harmonie sehr wichtig und Sie versuchen deshalb, andere in Ihre Entscheidungen einzubinden. Dann sagen Sie sich selbst in den Augenblicken, in denen Sie sich klar positionieren und entscheiden wollen: »Die Ansichten anderer Menschen sind mir wichtig. Jetzt ist es allerdings notwendig, dass ich eine Entscheidung treffe, damit andere ins Handeln kommen und ich den Weg vorgebe.« Sie akzeptieren die Bedeutung des momentan im Wege stehenden Bedürfnisses und treffen bewusst eine Entscheidung.

Wenn Sie generell Ihre Durchsetzungsstärke fördern wollen, sollten Sie diese häufiger in den Fokus nehmen. Überlegen Sie sich z. B., welches Tier/welches Vorbild für Sie Durchsetzungsstärke symbolisiert. Das könnte ein Stier sein, der mit gesenkten Hörnern seinen Weg geht. Dazu finden Sie ein Zitat oder einen Spruch, der die Eigenschaft, die Sie bei sich fördern wollen, in einem Satz darstellt. Das könnte so etwas sein wie: »Wenn ich klar den Weg vorgebe, können andere sich orientieren und ihre Kraft sparen.« Sie sehen, bei diesem Spruch habe ich noch eine gute Absicht für andere verpackt, die das Bedürfnis der Harmonie aufnimmt. Wenn Sie das für sich integrieren wollen, dann gönnen Sie dem Prozess Zeit. Denn oftmals brauchen wir diese, um passende Bilder und Worte zu finden. Diese beiden Zutaten, den Stier und den Spruch, verbinden Sie auf einem Bild. Platzieren Sie es als Bildschirmhintergrund oder als Startbild auf Ihrem Smartphone. Schreiben Sie den Spruch auf ein Post-it und kleben es an Ihren Bildschirm. Suchen Sie ein schönes Stier-Foto und stellen Sie es auf den Schreibtisch. Wichtig ist, Ihr Unterbewusstsein immer wieder daran zu erinnern, dass es manchmal gut und richtig ist, sich durchsetzungsstark zu zeigen. Und bevor Sie in das Meeting gehen, in dem Sie anderen die Richtung vorgeben wollen, visualisieren Sie den Stier und sprechen Klartext. Das hat übrigens nichts mit Kommandieren zu tun, sondern es geht Ihnen (in diesem Beispiel) ausschließlich darum, eine ausgewogene und sinnvolle Haltung zu transportieren.

Diese Art, Eigenschaften stärker in sich zu fördern, stammt von der Psychoanalytikerin Maja Storch, die in Zürich lehrt[26]. Da Bilder stärker in das Unterbewusstsein vordringen, können wir auf diesem Weg schneller ans Ziel kommen als mit anderen Methoden. In einem Workshop von mir ist in diesem Zusammenhang unter anderem das Motiv eines Faultiers im Rennwagen entstanden. Da ging es der Teilnehmerin darum, mehr Achtsamkeit für sich zu etablieren und auch mal Pausen zu machen. Im Dialog sind nach und nach die verschiedenen Aspekte ins Licht getreten und verschmolzen am Ende zu dieser Einheit.

Oft ist es so, dass wir uns unangenehme Gefühle so stark zu eigen machen, dass wir uns selbst abwerten. Wir fühlen uns frustriert und sagen: »Ich bin frustriert.« Es ist nur ein minimaler Unterschied, aber ein ganz wesentlicher, weil die sprachliche Differenzierung darüber entscheidet, ob wir uns einen Stempel verpassen oder akzeptieren, dass wir uns momentan so fühlen. Unser Gehirn verbindet mit dem Wort »sein«, beziehungsweise »Ich bin« etwas Immanentes, ein Attribut, das uns charakterisiert. So werden wir mehr und mehr zu einem frustrierten Menschen. Probieren Sie einmal aus, stattdessen die Worte »Ich fühle mich …« zu verwenden, auch wenn Sie nur in Ihrem Kopf mit sich sprechen. Es verändert sich etwas, weil es flüchtiger wird. Ergänzen können Sie Ihren Satz noch durch »im Moment«. Damit machen Sie sich bewusst, dass das Gefühl vergehen wird. Also: »Im Moment fühle ich mich frustriert.« Spüren Sie den Unterschied zu »Ich bin frustriert«.

Wenn Sie einen Schritt weitergehen möchten, können Sie sich bewusst machen, dass Sie mehr sind als Ihre Gefühle, Gedanken und auch mehr als Ihr Körper mit seinen Empfindungen. Wie ein Mantra helfen diese Minisätze, die alle mit

»Ich bin mehr als ...« beginnen, Abstand zu gewinnen, das Momentane nicht als zu bedeutsam zu werten. Unangenehmes hat die Angewohnheit, sich in den Vordergrund zu drängen, den ganzen Raum für sich zu beanspruchen. Das ist ein automatisierter Vorgang, den wir erst einmal nicht ändern können. Verändern können wir jedoch die Aufmerksamkeit, die wir ihm schenken, und unser weiteres Vorgehen. Wenn ich mir bewusst mache, dass ich gerade dem Gefühl von Frustration den ganzen Raum überlasse, alle anderen Gefühle und Gedanken in den Hintergrund verbanne, dann kann ich das auch ändern. Wie immer gilt: Erst akzeptieren, was ist, dann eine neue Richtung einschlagen und verfolgen. Sie sind auch Ihre Gedanken, doch Sie sind auch mehr als das. Sie sind mehr als Ihr Gefühl. Sie sind mehr als Ihre momentane Stimmung.

Jetzt komme ich zu einem Wort, das vielleicht erst einmal Irritation oder gar Ablehnung bei Ihnen hervorruft. Es geht um Selbstmitgefühl. Mitgefühl ist ja schon schwierig, aber gar Selbstmitgefühl? Da schwingt automatisch das Wort Selbstmitleid im Hintergrund mit, aber das ist hier nicht gemeint. Es geht darum, in sich selbst zu fühlen, sich selbst gegenüber mitfühlend zu sein. Darin verbirgt sich sehr viel Akzeptanz sich selbst gegenüber, auch zu den Aspekten, die wir gar nicht sehen wollen. Doch genau das ist der Schlüssel. Deshalb habe ich das Zitat von Carl Rogers zu Beginn dieses Kapitels angeführt. Weil gerade bei männlichen Führungskräften der Begriff Selbstmitgefühl oft mit Befremden aufgenommen wird, ist ein Kollege von mir übrigens auf den Gedanken kommen, stattdessen das

Wort Selbstfreundlichkeit zu verwenden. Wenn das für Sie besser passt, dann ersetzen Sie es einfach für sich.

Das Prinzip stammt von Kristin Neff, die seit Langem zu diesem Phänomen forscht[27]. Beim Selbstmitgefühl geht es darum, mit sich selbst einen freundlichen Umgang zu pflegen und sich auch zuzugestehen, dass es manchmal anstrengend und schwer ist. Im Fokus steht zudem, dass wir manchmal das Gefühl haben, uns fehle die Kraft für die Anforderungen unseres Alltags. Aber, und das ist ganz wichtig, man sollte dabei dem Selbstmitleid nicht das gesamte Feld überlassen. Betrachten Sie sich selbst als Ihren besten Freund. Gehen Sie mit sich warmherzig und fürsorglich um. Bestärken Sie sich nicht im Gefühl der Hilflosigkeit, sondern akzeptieren Sie, dass dieses Gefühl im Moment da ist, aber auch wieder vergeht. Das ist der Kernunterschied zum Mitleid, da es hier nicht darum geht, in das Leid einzutauchen, sondern zwar mitzufühlen, das Gefühl jedoch nicht zu verstärken und als festen Anker zu nutzen.

Als ich ehrenamtlich bei der Telefonseelsorge gearbeitet habe, gab es dafür ein sehr schönes Bild. Wir als Seelsorgende standen am Ufer eines Flusses mit dem Telefonapparat in der Hand. Den Hörer werfen wir den Anrufenden zu, aber sie müssen das Angebot selbst ergreifen, müssen mit unserer Unterstützung, aber aus eigener Kraft ans Ufer gelangen. Die Verbindung zwischen uns beiden ist die Telefonschnur. In dem Moment, in dem ich mit in den Fluss springe, werden wir beide fortgetragen. Das symbolisiert für mich den Unterschied zwischen Mitgefühl und Mitleid perfekt. Und um diesen Unterschied geht es auch in Bezug auf uns selbst.

Es gibt drei Aspekte, die Kristin Neff herausgearbeitet hat. Der eine betrifft die Achtsamkeit sich selbst gegenüber. Der nächste macht uns bewusst, dass wir nicht allein sind und andere Menschen ähnliche Situationen auch schon erlebt haben. Und deshalb dürfen wir uns selbst gegenüber mit Freundlichkeit begegnen. Daraus lässt sich wunderbar ein kompaktes Mantra[28] entwickeln.

Der erste Satz akzeptiert, dass es im Moment schwierig ist. Der zweite stellt die Verbindung zu anderen her, zeigt, dass unser Empfinden zutiefst menschlich ist, und im dritten Satz spenden wir uns verbal genau das, was uns im Moment guttut. Bei mir lautet das komplette Mantra ganz knapp: »Puh, das ist schwer! Aber das geht auch anderen so. Deshalb darf ich mich in den Arm genommen fühlen.« Um dieses Mantra gerade in schwierigen Situationen parat zu haben, ist es hilfreich, es mit einem sogenannten Anker zu verknüpfen. Ein Anker ist eine Erinnerungshilfe, z. B. ein Bild, das gedruckte Mantra oder auch eine frühere Situation, die wir für uns visualisieren. Bei mir genügt schon das Wort »Puh«, da ich dieses sonst nicht verwende und mir damit auch den Rest des Mantras bewusst mache. Probieren Sie Ihre persönliche Variante in einem ruhigen Moment aus und erfahren Sie dessen Kraft.

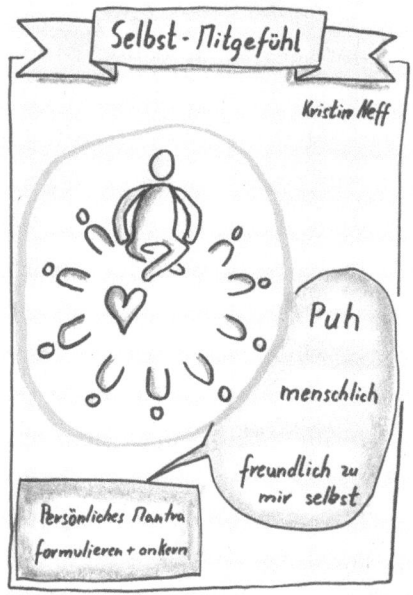

Eng verknüpft mit dem Thema Mitgefühl ist für mich auch das Vergeben. Wir gehen mit uns selbst meist sehr harsch ins Gericht. Würden wir so mit anderen reden, wie wir es mit uns selbst tun, hätten wir vermutlich weder Freunde noch Arbeitskollegen. Die harmlosesten Varianten lauten irgendwie so: »Typisch du!«, »War ja klar, dass du wieder versagst!«, »Du bekommst auch gar nichts ordentlich hin!«. Doch warum dürfen alle Menschen auch mal einen Fehler machen, nur wir selbst nicht? Sind wir nicht auch Menschen und ist es nicht menschlich, dass manche Dinge schieflaufen? Dann hilft es, sich selbst zu vergeben und zuzugestehen, dass man es grundsätzlich besser gekonnt hätte, aus irgendwelchen Gründen in der Situation aber dazu nicht in der Lage war. Können Sie sich selbst vergeben? Ich finde, es ist extrem hilfreich, sich damit ehrlich auseinanderzusetzen und auch hier eine wohlgesonnene Haltung sich selbst gegenüber einzunehmen. Ich möchte dabei nicht den Eindruck erwecken, dass es nicht gut ist, sich anzustrengen. Gemeint ist nicht, dass man einfach so daherlaufen und sich dann Fehler vergeben soll. Es geht darum, dass man genau deshalb, weil man hart arbeitet und Neues versucht, auch nicht alles schafft. In diesen Situationen sollte man sich vergeben, aus Fehlern lernen, aber sich dafür nicht mit verbalen Unflätigkeiten bestrafen. Beobachten Sie sich einfach in der kommenden Woche und analysieren Sie, wie Sie mit sich selbst reden. Verändern Sie dann diesen inneren Monolog und üben Sie Nachsicht und Vergebung mit sich.

Gerade als Führungskraft hat man oft hohe Ansprüche an sich selbst. Ohne diese wäre man vermutlich auch keine so gute Führungskraft. Gleichzeitig ist es wichtig, eine gute Balance zwischen Anspruch und Überforderung zu finden. Ein hilfreicher Weg besteht darin, sein grundsätzliches Selbstwertgefühl zu erhöhen. Denn wenn ich mit mir und meinem Tun in Einklang bin, dann muss ich mir nicht bei jeder passenden oder unpassenden Gelegenheit meinen Wert beweisen. Doch wie kann man sich seinen eigenen Wert bewusst machen? Zum einen kann ich mit Menschen sprechen, die mich kennen, die mich in verschiedenen Kontexten begleiten. Fragen Sie einmal Familienmitglieder, Freunde oder Arbeitskolleginnen, was diese an Ihnen schätzen. Ich verspreche Ihnen, Sie werden überrascht sein, wie viele positive Eigenschaften unterschiedliche Menschen an Ihnen sehen und welchen Wert Sie für diese Menschen haben. Bitte relativieren Sie die Wertschätzung nicht, wehren Sie Lob und Komplimente nicht ab. Sehen Sie die Kommentare als Geschenk. Reduzieren Sie die Geschenke und die Gebenden nicht dadurch, dass Sie den Wert des Geschenks infrage stellen, sondern freuen Sie sich einfach aus vollem Herzen.

Zum anderen können Sie auch eine Liste mit Aspekten verfassen, die Sie selbst in Bezug auf Ihre Einmaligkeit herausstreichen. Welches Verhalten zeigen Sie bei herausfordernden Situationen, welche Schwierigkeiten haben Sie durch Ihr Wesen schon gemeistert? Und im nächsten Schritt spüren Sie in sich hinein, wo Sie vielleicht Widerstand mit der positiven Wertung empfinden. Wenn Sie sich also als durchsetzungsstark beschrieben haben und das sofort durch ein »aber« relativieren, dann schauen Sie auf den zweiten Teil Ihres Satzes. Analysieren Sie den dahinterstehenden Gedanken. Folgt da ein eigener extrem hoher Anspruch oder der Gedanke, dass das ja nichts Besonderes sei? Prüfen Sie, ob es Ihnen genügt, menschlich zu sein oder ob Sie an sich selbst deutlich höhere Ansprüche stellen als an jede andere Person, eventuell sogar übermenschliche.

Es kann hilfreich sein, sich zusätzlich die Frage zu stellen, ob man lieber perfekt oder gesund sein möchte.

Eigentlich ist es erstaunlich, dass wir uns so häufig mit unserem Selbstwertgefühl beschäftigen. Denn wir brauchen keinen besonderen Wert, wir sind immer wertvoll genug. Das ist vergleichbar mit einem Kleinkind, das ohne besondere Leistung seinen eigenen Wert besitzt und von den Eltern geliebt wird, ohne Bedingung. Wir lieben andere Menschen, halten diese für wertvoll, ohne dass sie ihren Wert durch Leistung erreichen müssen. Bei uns selbst handeln wir anders. Wir halten uns nur für wertvoll, wenn wir etwas leisten. Denken Sie gern einen Moment über diese unterschiedliche Behandlung nach, die Sie anderen und sich selbst zukommen lassen. Von Brené Brown habe ich folgendes Zitat gehört: »Selbstwert ist mein Geburtsrecht.«[29] Das dürfen wir uns gern regelmäßig selbst vorsagen.

Vielleicht gibt es auch andere Zitate, die Ihnen Energie und Kraft spenden. Notieren Sie solche stärkenden Weisheiten und platzieren Sie diese an Orten, auf die Ihr Blick immer wieder fällt. So tun Sie auf ganz einfache Art und Weise etwas für sich selbst. Vielleicht fallen Ihnen auch beim Besuch eines Buchladens solche Zitate auf Postkarten auf. Achten Sie darauf, welches Sie besonders anspricht, und gönnen Sie sich diese kontinuierliche Erinnerung. Mit der Zeit etabliert sich die notierte Kernweisheit in Ihrem Denken und Fühlen.

Die eigene Sicht auf das Leben zum Positiven zu beeinflussen hat auch Auswirkungen auf unseren Körper. Andrew Steptoe, Jane Wardle und Michael Marmot konnten in Studien nachweisen, dass Menschen, die sich selbst als eher glücklich bezeichnen, weniger Cortisol im Blut haben, ein Hormon, das bei Stress ausgeschüttet wird[30]. Auch sonst haben positive Gefühle direkte Auswirkung auf unser Immunsystem und damit unsere Gesundheit. Es lohnt sich somit, über seine Einstellung und den Fokus die Gedanken und damit Gefühle zu sich selbst zu beeinflussen.

ZUSAMMENFASSUNG

- Akzeptanz ist die Grundvoraussetzung für eine Veränderung.

- Um gewünschte Eigenschaften zum Leben zu erwecken, helfen Vorbilder und Sprüche.

- Statt »Ich bin ...« hilft es, »Im Moment fühle ich mich ...« zu sagen.

- Die Formel »Ich bin mehr als ...« unterstreicht, dass das, was sich in den Fokus drängt, nur eine Wahrnehmung ist.

- Selbstmitgefühl heißt, sich selbst wie einen guten Freund zu unterstützen.

- Wertschätzung von Freunden und Arbeitskollegen zu empfangen hilft, sich die eigene Besonderheit und eigenen Stärken bewusst zu machen.

KÖRPER UND ARBEIT

Leider haben viele Menschen nach wie vor das Gefühl, Körper und Geist oder Intellekt trennen zu müssen. Gerade auch in Arbeitszusammenhängen wird der Körper sehr stiefmütterlich behandelt. Doch das ist unklug. Wann spüren wir in der Regel unseren Körper? Wenn er schmerzt. D. h., wir nehmen ihn erst zur Kenntnis, wenn er lautstark protestiert. Aber schon vorher braucht er Aufmerksamkeit und Fürsorge. Schließlich sind wir nichts ohne ihn. All die Stoffwechselvorgänge, die wir benötigen, um zu leben, organisiert er eigenständig. Er wandelt Nahrung in Hormone und Botenstoffe um, die erforderlich sind, damit unser Gehirn seine Aufgaben erledigen kann. Er repariert eigenständig Schwachstellen und Verletzungen. Er baut ständig neue Zellen auf und erneuert sich so täglich. Für all diese Vorgänge braucht er aber Energie und am besten Ruhe.

Platon propagierte im vierten Jahrhundert v. Chr. bereits: »Wer viel nachdenkt, muss auch Gymnastik treiben, um dem Körper zu seinem Recht zu verhelfen.« Das Zusammenspiel von angestrengtem Denken und körperlichem Ausgleich ist also keine Erkenntnis unserer Zeit, sondern schon lange bekannt. Trotzdem geben wir dieser Erkenntnis in unserem Alltag viel zu wenig Raum, auch wenn es mittlerweile höhenverstellbare Schreibtische in vielen Büros oder aktive Pausengestaltung selbst in der öffentlichen Verwaltung gibt.

Aber in diesem Kapitel soll es nicht um Pausen gehen, sondern darum, wie wir auch im Arbeitsleben ohne viel Aufwand etwas tun können, um unseren Körper vital zu halten. Eine Sache, die mir persönlich immer geholfen hat, ist Flexibilität. Wenn ich meinen Körper geschmeidig oder gelenkig halte, fließen das Blut und die Lymphe besser und mein Körper muss für seine Regulation weniger Widerstände überwinden. Deshalb gehören kleine Dehnübungen fest in meinen Alltag. Beim Dehnen habe ich im Laufe meiner Ausbildung als Tänzer vor mehr als 30 Jahren gelernt, dass es besser ist, den Atem zu nutzen, als zu federn. Somit verbinde ich Achtsamkeit mit einer aktiven Übung für mein Wohlbefinden. Wenn ich also meine Flanke dehnen möchte, dann stabilisiere ich mich fest mit meinen Füßen im Boden. Ich halte die Hüfte möglichst gerade und beuge mich zu einer Seite hin. Dabei stelle ich mir vor, dass ich mit den Fingern in eine weit entfernte Ecke auf der anderen Seite gelangen möchte. Ich versuche also, mehr Länge in meinen Körper zu bekommen, statt die gegenüberliegende Seite zu komprimieren. Ich mache mich lang, dehne beide Seiten gleichzeitig.

Dann atme ich ruhig ein und aus. Bei jedem Einatmen strecke ich mich etwas länger, beim Ausatmen lasse ich los.

So gewinne ich mehr Weite und Dehnung. Gerade wenn man die Rückseite der Beine dehnt, ob im Stehen oder im Sitzen, ist es sehr wichtig, nicht zu federn oder zu komprimieren, denn dann drückt man die Wirbelkörper zusammen. Wir wollen aber Raum schaffen und Weite. Ich habe dafür ein Video aufgenommen, welches das Grundprinzip verdeutlicht. Sie finden es bei YouTube.[31]

Dehnungsübungen unterstützen unseren Körper. Sie fördern aber gleichzeitig auch die Ruhe und Fokussierung. Man gewinnt mehr Ruhe durch das Dehnen. Somit ist das ein doppelter Gewinn für uns. Wir sorgen nicht nur dafür, dass unser Körper seine Aufgaben besser erledigen kann, sondern wir gewinnen auch mehr Abstand zu Problemen in unserem Denken. Da Dehnübungen uns im Normalfall nicht zum Schwitzen bringen, lassen sie sich wunderbar in den Berufsalltag integrieren. Kurz einmal die Seiten oder auch den Rücken zu strecken tut uns gut. Wenn wir einen Fuß auf einen Hocker stellen, können wir eine Drehbewegung im Lendenwirbelbereich machen, was dort für mehr Beweglichkeit sorgt. Das hilft auch, dem berühmten Hexenschuss vorzubeugen. Doch selbst wenn Sie nur die Schultern ganz hoch zu den Ohren ziehen und dort für drei Atemzüge halten, bevor Sie mit dem Ausatmen entspannen und die Schultern fallen lassen, werden Sie merken, wie gut das tut.

Haltung ist ein Wort, das gleich zwei Aspekte beinhaltet. Zum einen beschreibt es die körperliche Haltung, also wie wir stehen oder sitzen, zum anderen aber auch die innere Einstellung, die wir der uns umgebenden Welt gegenüber einnehmen. Es gibt aber einen guten Grund, warum wir für beide Aspekte das gleiche Wort benutzen. Denn unsere innere Einstellung spiegelt sich oft in unserer Körperhaltung wider und wir können durch eine andere physische Haltung auch unsere innere Einstellung und unser Gefühl verändern. Ein Zitat des römischen Kaisers und Philosophen Marc Aurels lautet: »Auf die Dauer der Zeit nimmt die Seele die Farbe der Gedanken an.«[32]

Ich mag dieses Zitat, verdeutlicht es doch, wie unser Denken zu unserer Einstellung mutiert. Und ich würde sogar noch einen Schritt weitergehen und sagen: »Auf die Dauer der Zeit nimmt der Körper die Farbe der Einstellung ein.« Vielen Menschen sieht man die Einstellung, die sie dem Leben entgegenbringen, in ihrer Physiognomie an. Die Haltung des Körpers und die Falten im Gesicht zeigen, ob dieser Mensch eher optimistisch oder pessimistisch auf die Welt blickt.

Amy Cuddy, eine Sozialpsychologin, die in Harvard lehrt, hat die Wirkung der Körperhaltung auf die eigene Durchsetzungsstärke und Risikofreudigkeit untersucht. Dabei fand sie heraus, dass das Einnehmen einer sogenannten Power-Pose für zwei Minuten vor einem wichtigen Gespräch genau diese

Aspekte stärkt.[33] Wir können uns durch unsere Körperhaltung in eine positivere Stimmung versetzen.[34] Dazu ist nicht einmal viel erforderlich. Nötig sind nur ein stabiler Stand, ein aufrechter Blick, die Schultern sind leicht nach hinten rotiert, sodass die Brust sich öffnet, und dann noch die Hände in die Hüften gestemmt. So sieht die von ihr als Wonder-Woman-Pose bezeichnete Haltung aus. Ich bezeichne diese Pose in meinen Seminaren als die Pose der italienischen Mama, weil in den frühen Filmen aus Italien die dominierende Mutter genau diese Haltung einnimmt, wenn sie streng mit ihren Kindern oder ihrem Ehemann spricht. Eine andere Power-Pose kann man im Sitzen einnehmen, indem man sich zurücklehnt und die Hände hinter dem Kopf verschränkt. Auch hier öffnet sich die Brust wieder. Dies ist ein bisschen so, wie man es von Primaten kennt, wenn sie ihre Dominanz im Rudel klarmachen. Allerdings schlagen sich Affen dabei meist noch auf die Brust. Das Grundprinzip ist das gleiche: Öffnen der Brust und Stabilität im Stand führen zu einer selbstsicheren Ausstrahlung. Diese Körperhaltung beeinflusst das Gefühl und damit unsere momentane Einstellung. Probieren Sie es mal aus, es ist verblüffend, wie so etwas Einfaches uns so gut unterstützen kann. Das Tolle dabei ist, dass es auch wirkt, wenn unser Denken noch nicht so ganz daran glaubt. In einem ihrer Interviews prägte Amy Cuddy das Motto: »Fake it, till you make it. Make it, till you become it.«[35] Nehmen Sie die Pose jedoch bitte vor dem Gespräch und nicht während des Gespräches mit Ihrer Führungskraft ein, ansonsten könnte die Person das als Affront auffassen.

Eine ähnliche Wirkung hat übrigens das Lachen, es reduziert Stress und führt zu besserer Lösungsfindung. Dazu gibt es mittlerweile unzählige Studien. Und das Schöne ist, es kostet keinen Cent, hat definitiv keine unerwünschten Nebenwirkungen und ist permanent zu haben. Probieren Sie dies auch mal mit Lächeln aus. Ich habe die Erfahrung gemacht, dass unangenehme Dinge mich nicht so stark beeinflussen, ich kreativere Lösungen finde und mich grundsätzlich besser fühle, als wenn ich die Zähne zusammenbeiße.

Einen kleinen Impuls möchte ich Ihnen noch geben, wie Sie mit ganz wenig Aufwand ein stärkendes Gefühl erreichen. Wenn Sie normal laufen, haben Sie meist die Arme entweder in den Hosentaschen oder sie hängen seitlich am Körper herab. Wenn Sie das nächste Mal eine Strecke gehen, dann winkeln Sie die Unterarme um 90 Grad an und heben somit die Hände auf Brusthöhe. Stellen Sie fest, wie sich Ihr Energieniveau automatisch anhebt, Sie sich kraftvoller und auch optimistischer fühlen. Wenn Sie der Bewegung nachspüren, werden Sie feststellen, dass Sie auch hierbei wieder die Schultern etwas nach hinten rotieren und den Brustbereich öffnen. Ich mache dies vor allem, wenn ich meine Runde mit dem Hund bei strömendem Regen gehen darf. Allein durch diese kleine Veränderung empfinde ich den Regen weniger unangenehm und genieße den Spaziergang stärker.

Bei den bisherigen Übungen zum Thema Körper in diesem Kapitel ging es darum, die Empfindung zu verändern oder ruhiger zu werden. Es kann aber auch gut sein, dass wir Energie benötigen und uns aus einem Dämmerzustand heraus aktivieren wollen. Dann hilft es nicht, sich zu dehnen oder eine Power-Pose einzunehmen. Stattdessen ist es hilfreicher, den Kreislauf in Schwung zu bringen. Auch dabei mag ich es gern einfach. Deshalb mache ich in solchen Momenten klassische Hampelmann-Übungen. Das bringt meinen Kreislauf in Schwung, ich benötige nicht viel Platz und auch sonst keinerlei Hilfsmittel. Demnach gilt auch hier: Wählen Sie einfache Übungen, die Ihnen Spaß machen und für die Sie keinen Aufwand treiben müssen, sonst ist die Chance viel zu groß, dass Sie sich aus Bequemlichkeit etwas Aktivierendes versagen. Kleine aktivierende Übungen helfen auch, nach stressigen Situationen das bereitgestellte Adrenalin und Noradrenalin abzubauen. Dazu empfehle ich Ihnen, Treppen zu steigen. Auch das kennen Sie: Längere Strecken auf einer Ebene zu laufen, strengt uns nur mäßig an, aber bergauf bzw. treppauf zu steigen, deutlich stärker. Und vielleicht können Sie die Treppen noch nutzen, um einer Kollegin oder einem Kollegen zwei Stockwerke über Ihnen einen kleinen Besuch abzustatten. Denn damit schaffen Sie außerdem eine Verbindung, was wiederum entspannungsfördernd ist.

Welchen Weg Sie für sich auch immer wählen, lassen Sie solche kleinen Veränderungen Teil Ihres Alltags werden. Sie erfordern minimalen Aufwand, haben aber eine große Wirkung sowohl auf unsere Psyche als auch den Körper. Deshalb bin ich so ein großer Freund davon. Und wenn Sie etwas mehr Zeit haben, lassen Sie sich dabei von Ihren Lieblingssongs begleiten. Das fördert noch mal Ihr positives Gefühl. Also, integrieren Sie ab heute Körperübungen in Ihren Alltag. Kopf und Körper werden es Ihnen danken.

ZUSAMMENFASSUNG

- Körper und Geist bilden eine Einheit, deshalb ist es wichtig, den Körper in unser Arbeitsleben einzubeziehen.

- Dehnübungen helfen uns auf der einen Seite, Platz für den Flüssigkeitstransport zu unseren Zellen zu gewährleisten.

- Auf der anderen Seite unterstützen sie Ruhe und Konzentration.

- Power-Posen oder auch Lächeln fördern unser Wohlbefinden und unsere Denkleistung.

- Aktivierende Übungen wie Hampelmänner oder Treppensteigen reduzieren das Stressempfinden.

RITUALE ZUM AUSKLANG

So, wie man den Tag am besten mit einem Ritual beginnt, so hilfreich ist es, einen Übergang zwischen der Arbeitszeit und der Freizeit am Abend zu schaffen. Denn damit programmieren wir unser Gehirn auf Entspannung. Ein fester Ablauf, der sich täglich wiederholt, schafft so eine Struktur für unsere unterschiedlichen Rollen. Wir sparen Energie und kommen schnell in einen anderen Gemütszustand.

Gerade in der Coronazeit haben viele Menschen durch das Homeoffice verlernt, eine klare Trennlinie zwischen Arbeit und Freizeit zu ziehen. Dies hat zur Folge, dass sie noch schlechter abschalten können als ohnehin. Eine mögliche Konsequenz sind Schwierigkeiten beim Ein- oder Durchschlafen. Da wir dank Smartphones permanent erreichbar sind, ist die Versuchung groß, auch am späten Abend noch zu antworten. Doch was passiert dabei in unserem Körper? Statt unsere Energie wieder aufzuladen, entladen wir unseren Energievorrat schon wieder. Jedes Mal, wenn wir uns ärgern, schüttet unser Körper Hormone aus, die uns ordentlich auf Trab bringen. Jedes Mal, wenn wir angestrengt eine Lösung für ein Problem suchen, steigt der Energieverbrauch unseres Gehirns von den üblichen 21 Prozent um weitere fünf bis zehn Prozent. Unser Gehirn ist der größte Energieverbraucher des gesamten Körpers. Dabei beträgt sein Gewicht nur 1,5 kg. So gering seine Masse ist, so groß ist sein Energiebedürfnis. Deshalb sollten wir vernünftig haushalten. Dazu gehört es, klare Übergänge zu schaffen.

Vielleicht haben Sie schon einmal Sportler vor einem Wettkampf beobachtet. Die meisten erfolgreichen Sportler haben ein festes Ritual, bevor sie starten. Dieser konditionierte Ablauf bringt sie in den gewünschten Zustand und damit auf die Erfolgsspur. Genau das Gleiche gibt es auch bei Künstlerinnen vor einem Bühnenauftritt. Rituale bilden den Übergang vom einen zum anderen Zustand. Sie schaffen ein Bewusstsein für das Kommende und verabschieden das Vergangene. Selbst ein Tischgebet ist so ein Ritual. Dadurch kehrt Ruhe ein, man fokussiert sich auf das Essen und genießt es bewusster. Doch kommen wir jetzt zum Beenden eines Arbeitstages.

Vielen Menschen hilft es, Ordnung zu schaffen, bevor sie ihren Arbeitsplatz verlassen. Dazu gehört, den Schreibtisch aufzuräumen und eventuell sogar die Tastatur im rechten Winkel und gleichmäßigen Abstand zum Mauspad zu arrangieren. So unsinnig solche Handgriffe auf den ersten Moment erscheinen mögen, sie haben eine tiefgreifende Wirkung. Wenn wir uns über eine gewisse Zeit antrainieren, nach einem Ritual keine Dinge mehr zu erledigen, die mit unserer Arbeit zu tun haben, verknüpft unser Gehirn das Aufräumen über die Zeit mit Feierabend. Aber natürlich nicht nach einem Mal.

Ein Ritual, das sowohl für Menschen hilfreich ist, die einen freien Zeitraum für sich benötigen, bevor sie zu Hause in die nächste Rolle schlüpfen, als auch für Menschen, die im Homeoffice arbeiten, ist ein Spaziergang. Gönnen Sie sich, Ihrem Körper und Ihrem Geist ein paar Schritte an der Luft. Denn für viele Menschen ist die Fahrt im Auto oder mit dem Bus keine Möglichkeit zum Abschalten, sondern mit neuem Stress verbunden. Damit Sie aber wieder mit vollem Fokus Ihre nächste Rolle erfüllen können, benötigen Sie einen Übergang, in dem Sie Kraft schöpfen. Dafür ist weder eine lange Distanz noch viel Zeit erforderlich. Wichtig ist jedoch das Bewusstsein, dass Sie in diesem Moment für nichts und niemand anderen da sein müssen als für sich selbst. Dies erzeugt wirkliche Entspannung, was aber auch bedeutet, dabei keine E-Mails oder Sprachnachrichten zu beantworten. Genießen Sie einfach das Gehen und die Umgebung, sonst nichts! Arbeiten Sie von zu Hause aus, ist das umso wichtiger. Sonst besteht die Gefahr, dass Sie die Trennung der Aufgaben und Rollen noch schwerer gewährleisten können. Und man kann in einer Großstadt genauso neugierig die Umgebung beobachten wie in der Natur.

Einen weiteren Tipp habe ich für Sie: Wechseln Sie Ihre Kleidung. Es gibt einen guten Grund, warum Menschen ihre Uniform nach dem Dienst ausziehen. Sie sind für andere nicht so schnell als Postbote oder Polizeibeamtin sichtbar, aber sie schaffen auch für sich selbst einen Übergang. Mit dem Ablegen der Dienstkleidung legen sie auch ihre Rolle für diesen Tag ab und

schlüpfen in die nächste Rolle. Es kann auch genügen, einen Teil der Kleidung, z. B. eine Krawatte, abzulegen, falls Sie eine tragen, ein Jackett oder ein bestimmtes Paar Schuhe. Wichtig ist auch hierbei, sich diesen Vorgang bewusst zu machen und sich mit dem Wechsel der Schuhe bis zum nächsten Tag von der Rolle der Führungskraft zu verabschieden.

In Bezug auf den Hinweis »bis zum nächsten Tag« möchte ich Ihnen einen ganz wertvollen Tipp nicht vorenthalten. Genauso wie die erste halbe Stunde oder Stunde eines Tages Ihnen gehören sollte, so sollte es auch die letzte Einheit sein. Um zur Ruhe zu kommen, sollten Sie keine Dinge tun, die Ihre Amygdala aktiviert, also den Teil unseres Gehirns, der für Emotionen zuständig ist. Dazu gehören alle Aktivitäten, die Sie aufregen, aber auch diejenigen, die Sie unter Stress setzen. Dies umfasst auch Thriller oder Actionfilme. Denn was passiert bei einem guten Film? Wir tauchen in ihn ein und erleben die Abenteuer der Helden mit. Wie in einem Traum reagiert unser Körper genauso, als wenn wir mit dabei wären. Sie können sich einmal beobachten, wie sich Ihre Atemfrequenz verändert, wenn es besonders spannend wird. Vielleicht gehören Sie auch zu den Menschen, die bei Filmen laut lachen oder weinen können. Dann wissen Sie, wovon ich spreche. Ich kenne das von mir, wenn ich ein Computerspiel spiele. Ich weiß, dass es nur ein Spiel und eigentlich vollkommen unwichtig ist, aber mein Körper steht dabei unter Anspannung, reagiert auf die Bedrohungen und Überraschungen, als wäre es nicht egal. Und danach brauchen unsere Amygdala und unser Körper Zeit, bis sie zur Ruhe kommen. Deshalb ist es ratsamer, ein Buch zu lesen, angenehme Musik zu hören oder eine Atemübung vor dem Schlaf durchzuführen. Dies fördert die Erholung. Sie können auch die Zeit des Zur-Ruhe-Kommens nutzen, um sich noch einmal die Dinge bewusst zu machen, für die Sie heute Dankbarkeit empfinden und die Sie gefreut haben.

Bitte vermeiden Sie Computer oder Handys, direkt bevor Sie schlafen gehen. Das leuchtend blaue Licht des Bildschirms aktiviert das Gefühl, es sei Tag. Dies gilt auch für Tageslichtlampen. Dadurch schüttet unser Körper kein Melatonin aus, das Hormon, das unseren Schlaf fördert. So, wie morgens zum Aufwachen Cortisol ausgeschüttet wird, brauchen wir Melatonin für einen guten Schlaf am Abend. Gaukeln wir uns aber vor, es sei noch heller Tag, dann wird es nicht abgegeben. Deshalb ist es auch sinnvoll, das Schlafzimmer abzudunkeln, vor allem im Sommer, wenn die Nächte heller sind. Dann schlafen wir tiefer und erholsamer. Unsere Körperfunktionen werden durch Hormone gesteuert. Diese folgen aber einem evolutionären Ablauf, der nichts mit unserer heutigen Welt zu tun hat. Elektrisches Licht gibt es noch nicht lange genug, als dass sich unsere Genetik darauf eingestellt hätte, von Computern und Filmen gar nicht zu reden. Wenn man das ehrlich betrachtet, sind wir anachronistische Relikte in einer Welt, die sich äußerlich extrem verändert hat. Unsere Genetik und unsere Anpassungsfähigkeit haben dies noch nicht ausgeglichen. Deshalb liegt es an uns, wenigstens bestimmte Zeitfenster diesen Bedingungen anzupassen. Wir können uns dazu motivieren, Sport zu treiben, wir können uns überwinden, bestimmte Nahrungsmittel zu uns zu nehmen, aber wir können uns nicht zum

Schlafen zwingen. Es ist jedoch möglich, vorher Bedingungen zu schaffen, die es erleichtern, gut einzuschlafen. Und das sollten wir auf alle Fälle tun, denn ausreichender Schlaf ist extrem wichtig, wie wir im Kapitel »Ein Teller voller Gesundheit« gesehen haben.

Was hilft Ihnen dabei, einzuschlafen? Neben den oben genannten Dingen empfehle ich Menschen in meinen Seminaren einfache Atemübungen. Es beruhigt, sich vor allem auf das ruhige Ausatmen zu fokussieren. Genießen Sie das sanfte Heben und Senken des Brustkorbs und auch die kleine Pause zwischen diesen beiden Phasen. Beobachten Sie, wie ruhig Sie atmen können, wie entspannend es ist, dem Natürlichsten der Welt Aufmerksamkeit zu schenken. Wenn Sie lieber mit einer begleitenden Stimme meditieren, dann erstellen Sie sich eine Playlist von Meditationen. Wenn der Kopf nicht zur Ruhe kommen will, hilft es mir, Musik zu hören. Wichtig ist dabei, dass es bekannte Stücke sind, Musik, die vertraut ist und keine Aufmerksamkeit erfordert.

Auch ein Spaziergang, bevor Sie schlafen gehen, entspannt wunderbar. Ich liebe meine Abendrunde mit dem Hund, wenn es ruhiger in den Straßen ist. Dadurch komme auch ich zur Ruhe und falle meist sofort in einen tiefen, ruhigen Schlaf, sobald ich im Bett liege.

Wenn Sie Ihre Füße mit richtig kaltem Wasser verwöhnen, bevor Sie ins Bett gehen, dann wird zwar für kurze Zeit Ihr Kreislauf aktiv, aber nur, um die Extremitäten mit Wärme und Blut zu versorgen. Das führt gleichzeitig dazu, dass unser Hirn in diesem Moment nicht im Fokus steht. Auch das ist somit eine Möglichkeit. Keine Sorge, die Füße werden ganz schnell warm, sobald Sie im Bett liegen und Ihren Körper agieren lassen.

Probieren Sie selbst aus, welcher Weg zu Ihnen passt, und finden Sie Ihr ganz individuelles Ritual. Genauso, wie Kinder viel besser schlafen, wenn sie ihre Gute-Nacht-Geschichte vorgelesen bekommen, gilt das auch für uns. Rituale bieten Sicherheit. Und wir benötigen das Gefühl von Sicherheit, um gut schlafen zu können. Deshalb erschaffen Sie sich Ihren persönlichen Weg, genau das zu erreichen.

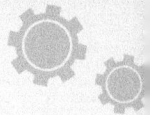

ZUSAMMENFASSUNG

- Das Gehirn beansprucht zwar nur etwa zwei Prozent unseres Körpergewichts, aber im Ruhezustand bereits mehr als 20 Prozent unserer Energie.

- Rituale helfen, einen guten Übergang zwischen verschiedenen Rollen herzustellen.

- Den Arbeitsalltag kann man gut beenden, indem man bewusst Ordnung schafft, ein paar Schritte geht oder sich (teilweise) umzieht.

- Um gut schlafen zu können, helfen Rituale ebenfalls, da sie Sicherheit vermitteln.

- Verzichten sollten wir auf Smartphones, Computer und Actionfilme mindestens eine Stunde, bevor wir ins Bett gehen.

UMSETZUNG, DIE HÜRDEN ANPASSEN

Die meisten guten Vorsätze scheitern nicht an der Motivation, sondern an der Umsetzung. Deshalb gebe ich Ihnen hier noch ein paar Inspirationen. Sie helfen Ihnen, die Dinge, die Sie aus den vorherigen Kapiteln am meisten angesprochen haben, in Ihren Alltag zu integrieren.

Zuerst sollten Sie sich einen Zettel nehmen und all das notieren, wovon Sie denken, dass es Ihnen im Moment besonders gut helfen wird. Schreiben Sie dann den erwarteten Effekt auf Ihr Leben sowie Ihre Gesundheit dazu und notieren Sie gleichzeitig, welchen Aufwand Sie dafür benötigen. In den meisten Fällen ist das Zeit. Dann geben Sie an, wieviel Zeit Sie pro Tag oder Woche veranschlagen. Sie machen also eine klassische Kosten-Nutzen-Kalkulation. Diese schauen Sie sich in Ruhe an und priorisieren. Verschieben Sie Ideen, die grundsätzlich passen, im Moment aber zu viel fordern, auf später. Idealerweise machen Sie sich einen Plan, wie Sie pro Woche oder alle 14 Tage eine weitere kleine Intervention in Ihren Alltag einbauen. Wichtig bei diesen kleinen Probierhäppchen ist, dass Sie mit Freude und Neugier darangehen. Der Aufwand sollte gering sein, aber wichtig ist, dass Sie sich Fortschritte bewusst machen. Dafür kann es hilfreich sein, vorher und nachher eine kurze Bestandsaufnahme zu machen. Dies erfolgt entweder in Form eines Fragebogens oder einer persönlichen Energieanzeige.

Und dann sollten Sie direkt eine Sache anpacken, die sich im Moment etwas größer anfühlt und auch mehr Konzeption braucht. Stellen Sie sich vor, wie Sie sich idealerweise fühlen, wenn Sie diesen Aspekt über einen längeren Zeitraum ausgeführt haben. Welche Veränderung werden Sie bei sich feststellen? Was können Sie dann mit Leichtigkeit tun, das Ihnen im Moment noch schwerfällt? Wie fühlt sich Ihr Körper an? Wie werden andere Menschen bemerken, dass Sie sich verändert haben? Fragen dieser Art helfen Ihnen, sich schon in den kommenden Zustand hineinzuversetzen. Das ist Ihr ganz persönlicher Motivations-Teaser, mit dem Sie sich immer wieder bewusst machen können, warum es sich lohnt, Dinge anzugehen. Im nächsten Schritt unterteilen Sie den Weg bis zum gewünschten Ergebnis in kleine Teilschritte. Überlegen Sie sich, wie Sie jeden Teilschritt so klein machen, dass Sie einerseits ein Ergebnis sehen, andererseits aber jeden Schritt mit Leichtigkeit gehen können. Während meiner Ausbildung in Positiver Psychologie sagte Daniela Blickhan folgenden wundervollen Satz: »Baut die Hürden so, dass es leichter ist, darüberzusteigen als darunter durchzukrabbeln.« Daraus erstellen Sie Ihren individuellen Umsetzungsplan und notieren die Schritte fest in Ihrem Kalender. Wenn Sie noch etwas Verstärkung brauchen, vertrauen Sie Ihren Plan befreundeten Menschen an und bitten diese, regelmäßig nachzufragen, wie es läuft. Das schafft eine Verbindlichkeit, denn niemand möchte gern sein Gesicht verlieren.

Einige Strategien, mit denen die Umsetzung besser gelingt, wurden übrigens von den Brüdern Dan und Chip Heath erforscht. Sie haben folgende Methoden gefunden, die es erleichtern, neue Gewohnheiten zu integrieren oder das Verhalten generell dauerhaft zu verändern[36]. Alle Vorschläge berücksichtigen, dass der Elefant in uns auch mitkommt und der Reiter nicht zu viel Energie aufwenden muss, um ans Ziel zu kommen (siehe: Energiespeicher immer wieder füllen). Da dies ein relevantes Thema ist, gerade im Zusammenhang mit Gesundheit und Achtsamkeit, fasse ich sie hier zusammen:

- Kurze Einheiten, die ein sichtbares Ergebnis haben (z. B. Schreibtisch bei Feierabend aufräumen)

- Klare Strategie für die Umsetzung planen und in den Kalender schreiben (dadurch muss man nicht ständig Entscheidungen treffen, sondern nur einmal)

- Ziele visualisieren mit möglichst allen Sinnen (Motivations-Teaser)

- Neue Gewohnheit mit bestehender Gewohnheit verknüpfen (z. B. Zähneputzen und Dehneinheit am Fensterbrett)

- Verbündete suchen (sich für Sport verabreden oder Verhaltensänderungen von Freunden kontrollieren lassen)

- Belohnung (sich bewusst nach Zielerreichung belohnen, das motiviert den Elefanten)

Im nächsten Teil des Buches geht es darum, wie Sie Ihre Mitarbeitenden unterstützen können, wie Sie die Rahmenbedingungen gestalten, die helfen, gesund und innovativ zu arbeiten. Doch bei allem, was Sie dort finden, bitte ich Sie, eine Sache nicht zu vergessen: Egal, wie viel wir sagen, am stärksten beeinflussen wir andere, wenn wir als Vorbild handeln. Denn eine Rede hat keinen Wert, wenn das alltägliche Verhalten nicht in Übereinstimmung damit steht. Wenn Sie Mitarbeitende bitten, nicht am Arbeitsplatz zu essen, sondern sich dafür einen ruhigen Ort zu suchen, selbst aber etwas essen, während Sie auf den Bildschirm schauen, dann können Sie sich den wertvollen Tipp gleich sparen. Ihre Wirkung als Vorbild ist größer als alles, was Sie nur auf der Tonspur von sich geben. Das sollten Sie nie vergessen. Deshalb ist es so elementar, dass Sie mit gutem Beispiel vorangehen. Also blättern Sie jetzt noch einmal durch den ersten Teil und überlegen Sie, was Sie wie in Ihren Alltag integrieren möchten. Sie tun damit nicht nur sich selbst, sondern auch Ihren Mitarbeitenden einen Gefallen.

# TEIL ZWEI

EINLEITUNG FÜR DEN ZWEITEN TEIL

Die Welt wird immer komplexer. Veränderungen passieren schneller und Beständigkeit scheint kaum noch vorhanden zu sein. Der Begriff der VUCA-Welt ist mittlerweile mehr als 30 Jahre alt.[37] Dennoch trifft er immer noch, vielleicht sogar mehr denn je auf unsere Lebensumstände zu. Situationen und Verhältnisse ändern sich häufig, ihr Kennzeichen ist Unbeständigkeit (Volatility). Dadurch sind Zukunftsprognosen geprägt von Unsicherheit (Uncertainty). Die Verknüpfungen und Zusammenhänge sind extrem komplex und in der Regel kaum zu durchschauen (Complexity). Verhaltensweisen anderer sind ebenfalls schwerer einzuordnen, da wir sie durch unterschiedlichste Prägungen und Hintergründe nicht mehr auf Anhieb verstehen können. Sie erscheinen uns mehrdeutig (Ambiguity). Das beschreibt

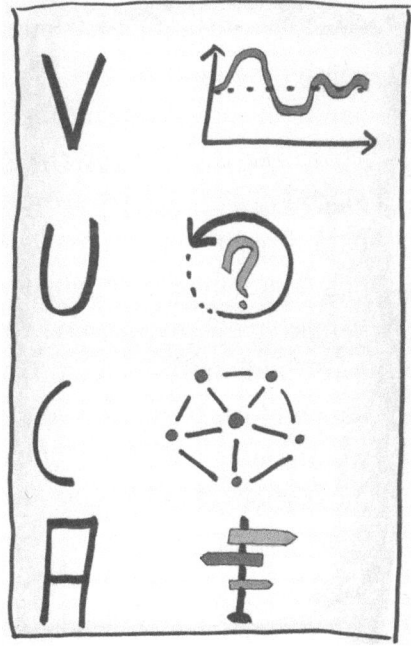

unser Lebensumfeld recht treffend. Doch wie können wir damit umgehen?

Lassen Sie mich einen Blick in die Vergangenheit werfen. Wie sah die Welt vor 300 Jahren aus? Die meisten Menschen lebten in ihrem Dorf oder in ihrer Stadt. Es gab dort meist klare Strukturen, oft von Willkür geprägt, aber die Regeln waren recht klar. Und man wusste, wer wohin gehörte, wie die Personen zueinander standen. Freund und Feind waren in den meisten Fällen definiert, es gab eine Ordnung oder Struktur, die Zuordnung und Abgrenzung vereinfachte. Auch die wirtschaftlichen Zusammenhänge waren in der Regel erkennbar und für die meisten Menschen im notwendigen Rahmen überschaubar. Mit dem Voranschreiten der Industrialisierung ging diese Sicherheit nach und nach verloren. Durch die Globalisierung verloren wir alle die Chance, diese Zusammenhänge in ihrer Vielschichtigkeit zu verstehen. Selbst wenn ich einzelne wirtschaftliche Zusammenhänge noch sichtbar machen kann, erfasse ich die soziologischen Auswirkungen daraus nicht mehr. Damit verlieren Menschen eine der wichtigsten Rahmenbedingungen für eine gesunde Entwicklung, nämlich die Sicherheit und Verstehbarkeit.

Diese Entfremdung im Großen setzt sich häufig auch im Kleinen fort. Menschen verstehen oft nicht, was sie tun und wofür sie dies tun. Sie fühlen sich als kleines Rädchen, ohne Klarheit. Dabei ist das ein wesentlicher Antrieb, um etwas zu leisten. Ich halte unter anderem viele Schulungen in der öffentlichen Verwaltung ab und finde es immer wieder erschreckend, wie kleinteilig oft gedacht und gehandelt wird.

Häufig geht es mehr um das Abarbeiten als um das Verstehen. Gleichzeitig sind die Organisationsformen durch Hierarchien geprägt und das Miteinander rückt immer weiter in den Hintergrund. Dabei sind dies zwei wesentliche Grundlagen: Verstehbarkeit und Verbindung. Menschen brauchen diese Art von Sicherheit, um sich wohlzufühlen. Verlieren sie diese, werden sie im Laufe der Zeit maximal die Arbeit erledigen, sie aber weder prägen noch mit Erfüllung und Freude ausüben.

Je komplexer und mehrdeutiger die Welt in großen Zusammenhängen wird, umso wichtiger ist es, im Kleinen Klarheit und Sicherheit zu fördern. Das ist der Grundgedanke des zweiten Teils. Wie schaffen Sie es, für sich und Ihre Mitarbeitenden Strukturen zu schaffen, die das gewährleisten? Wie gelingt es Ihnen, Rahmenbedingungen zu etablieren, die ein echtes Miteinander fördern? Auch diesen Fragen nähern wir uns von verschiedenen Ansätzen her. So finden Sie den Ansatz, der zu Ihnen und Ihrem Team passt. Aber keine Sorge, die Pfade dorthin unterscheiden sich nicht im Kern, sondern haben nur verschiedene Blickpunkte, aus denen der Weg beschrieben wird. Ich wünsche Ihnen jetzt schon viel Freude auf der Entdeckungsreise zu mehr Sicherheit, Inspiration und Miteinander.

OHNE VERTRAUEN GEHT NICHTS

Ich bin früher gern und viel zum Klettern gegangen, sowohl in den Alpen als auch in diversen Steinbrüchen in der näheren Umgebung. Die Eigenschaften, die es braucht, um sich am Fels gut und gesund zu bewegen, lassen sich auch auf gesunde Führung übertragen.

Zum einen ist ein gutes Gefühl für die richtige **Balance** erforderlich. Gerade wenn etwas neu oder unsicher ist, benötigt man eine gute individuelle Einschätzung der Situation. Abzuwägen, welche Schritte und welches Tempo im Moment angemessen sind, entscheidet über Erfolg oder Misserfolg.

Zum anderen ist passend dazu auch **Flexibilität** wichtig. Wenn eine Route gerade nicht gangbar ist, aus welchen Gründen auch immer, hilft es nicht, darüber zu lamentieren. Notwendig ist dann die Bereitschaft, etwas anderes auszuprobieren, auch einmal neue Wege einzuschlagen. Flexible Menschen sind in der Lage, sich den Gegebenheiten anzupassen und sich auf Wagnisse einzulassen.

Deshalb braucht es als weitere Eigenschaft auch **Mut**, Dinge und Wege auszuprobieren, ein Risiko einzugehen. Mut beinhaltet auch die Bereitschaft zu scheitern. Ansonsten ist es kein Mut. Dazu gehört, Risiken und Chancen abzuwägen, aber den Pfad der Sicherheit zu verlassen, um möglichst viele Routen auszuloten und ans Ziel zu gelangen.

Dann sind natürlich auch **Kraft** oder **Stärke** notwendig. Ohne ein gewisses Maß an Stärke gelangt man weder als Kletterer zum Gipfel noch als Führungskraft zum Erfolg. Seine Stärken zu kennen und sinnvoll einzusetzen ist sowohl für das eigene Vorankommen notwendig als auch dafür, dem Team zu zeigen, dass man sich als Führungskraft schützend für das Team einsetzt. Stärke im Businesskontext bedeutet natürlich nicht, andere Menschen körperlich zu bezwingen. Es kann aber damit einhergehen, die eigene Position auch gegen Anfeindungen zu verteidigen oder sich für klare Regeln im Umgang miteinander einzusetzen, auch gegen Druck von weiter oben.

Sie sehen schon, so schnell gelangt man nicht hinauf, deshalb ist **Ausdauer** eine weitere Voraussetzung. Der Weg ist oft länger, als man es sich wünscht. Gerade dann gilt es durchzuhalten, nicht aufzugeben, sondern seine Kräfte gut einzuteilen, damit man auch die letzten Meter zum Ziel schafft. Führungskräfte, die von einem zum nächsten kurzen Erfolg sprinten, verausgaben sich zu schnell und nehmen dabei selten ihr Team mit.

Denn das ist die letzte und wichtigste Eigenschaft, die es für den Erfolg braucht: **Vertrauen**. Und das erfordert Zeit. In den meisten Fällen geht man mindestens zu zweit an den Fels und nur dann, wenn man sich gegenseitig vertraut, wird man auch erfolgreich. Ohne Vertrauen, sowohl in die eigenen Fähigkeiten als auch in die des anderen, bleibt man im Mittelmaß. Als Führungskraft ist Vertrauen unabdingbar, um erfolgreich zu sein.

Warum ist Vertrauen so wichtig? Es bildet den Gegenpart zum größten Verhinderer von Erfolg und Gesundheit: Angst. Diese kennt einige Abstufungen, von Sorge über Furcht bis hin zur Panik. Immer wenn sie ins Spiel kommt, lähmt sie das Vorankommen. Unter Angst und Druck funktionieren manche Menschen vielleicht noch, aber sie entwi-

ckeln sich nicht. Sie liefern auch keine neuen Vorschläge oder weisen auf Unstimmigkeiten hin. Angst lähmt. Am Fels war es mir immer wichtig, dass ich nur mit Menschen geklettert bin, denen ich vertraut habe und die mir vertrauten. Dann konnte ich meinen Mut zusammennehmen und Leistungen erreichen, die ohne dieses Vertrauen nicht möglich gewesen wären, denn in diesem Fall hätte die Angst die Führung übernommen.

Stellen Sie sich vor, Sie haben einen Chef, bei dem Sie nicht sicher sind, wie er es aufnimmt, wenn Sie einen Gegenvorschlag zu seinem eigenen anbringen. Wie hoch ist die Wahrscheinlichkeit, dass Sie Ihre Meinung äußern? Vermutlich relativ gering. Wissen Sie sogar, dass er laut und ausfallend wird, wenn man eine andere Meinung äußert, sinkt diese Wahrscheinlichkeit gegen null. Nur wenn Sie ihm vertrauen, dass er Sie anhört und Ihre Position als zusätzliche Option abwägt, können Sie frei reden. Es gibt einen schönen Spruch, der ganz wunderbar dazu passt: »Noch niemand wurde wegen seines Schweigens gefeuert.«[38] Deshalb werden Menschen im Zweifelsfall eher den Mund halten, als sich aus der Deckung zu wagen, wenn sie sich nicht absolut sicher fühlen. Nichts zu sagen ist der sicherere Weg.

Vertrauen ist die Grundvoraussetzung für psychologische Sicherheit. Nur in einer solchen Umgebung können Menschen sich entfalten und ihr Bestes für das Unternehmen einbringen. Fühle ich mich sicher, bin ich bereit, Wagnisse einzugehen. Und das kann schon damit anfangen, dass ich andere Meinungen als die Führungskraft äußere, auf Missstände oder mögliche Fehler hinweise, eigene Ideen und Vorschläge einbringe.

Schwierig im Zusammenhang mit Vertrauen ist allerdings, dass ich es nicht wirklich einfordern kann. Man kann das zwar versuchen, und viele Menschen bitten andere auch darum, ihnen doch zu vertrauen. Aber man hat keine Option, wenn die anderen dies nicht tun. Gleichzeitig ist es so, dass es Zeit erfordert, bis man Vertrauen aufbauen kann. Dieses wieder zu verlieren, kann allerdings rasend schnell gehen. Bestimmt kennen Sie auch Menschen, denen Sie vertraut haben, mit denen Sie gemeinsam ein gutes Fundament aufgebaut haben, und dann benimmt sich der oder die andere so, wie Sie es nicht erwartet hätten. Die Person plaudert private Dinge von Ihnen aus, passt sich einer vorherrschenden Meinung an, obwohl es mit Ihnen anders besprochen war etc. Und dann? In diesem Fall sind Vertrauen und das stabile Fundament verwirkt. Es braucht also Zeit, ist gleichzeitig auch sehr fragil.

In der deutschen Sprache gibt es zwei Worte, die im Zusammenhang mit Vertrauen stehen. Das eine habe ich oben schon verwendet: das Wort »aufbauen«. Es bedeutet, dass es um einen Prozess geht, der eine bestimmte Dauer erfordert. Das andere Wort ist »schenken«. Ich schenke jemandem mein Vertrauen, es ist also ein aktiver Prozess der Person, die einer anderen vertraut. Dieses Geschenk machen Menschen nur, wenn sie sich sicher fühlen, dass ihr Geschenk nicht missbraucht wird. Dinge, die man jemandem in einem persönlichen Gespräch anvertraut, dürfen nicht an Dritte weitererzählt werden, sonst entzieht man das Vertrauen wieder.

Sie sehen schon, dass Vertrauen von beiden Seiten abhängig ist. Es braucht eine gesunde Beziehung, damit Menschen einander vertrauen. Nur dann sind wir bereit, zwischenmenschliche Risiken einzugehen. Es gibt keine Garantien, sondern nur ein positives Gefühl für die andere Seite. Genauso braucht es die Bereitschaft, Vertrauen zu schenken, also die Fähigkeit, anderen Menschen Vertrauen entgegenzubringen. Personen, deren Vertrauen häufig enttäuscht oder missbraucht wurde, tun sich schwer damit, dieses erneut zu schenken.

Und dann gibt es noch die Übertreibung von Vertrauen. Wenn ich jedem Menschen vertraue, der mich darum bittet, dann bin ich leichtgläubig bis hin zu naiv. Dann besteht eine große Chance, ausgenutzt zu werden. Hier ist ein gutes Maß nötig, aber leider gibt es keine Maßeinheit dafür. Erst im Rückblick erkennen wir, ob wir der Person zu Recht vertraut haben oder zu leichtgläubig waren.

All das macht klar, warum es nicht immer einfach ist, vertrauensvolle Beziehungen aufzubauen. Doch es gibt natürlich

Wege, die helfen, dorthin zu gelangen. Ich werde Ihnen ausreichend Hinweise und Ideen geben, wie es Ihnen immer besser gelingt, diese wichtige Grundvoraussetzung für ein gesundes Miteinander zu etablieren.

In seinem Buch »Die schönen Dinge siehst du nur, wenn du langsam gehst« beschreibt Haemin Sunim eine Beobachtung, die einen wesentlichen Hinweis auch auf das Thema Vertrauen gibt: »Wenn sie sehen, dass ich ein Mönch bin, grüßen mich manche mit aneinandergelegten Handflächen, und unwillkürlich tue ich dasselbe. Einige nicken und unwillkürlich tue ich dasselbe. Menschen sind wie ein Spiegel, die unser Bild zurückwerfen. Will ein kluger Mensch etwas von anderen, dann tut er selbst zuerst das, was er von anderen will; er geht mit gutem Beispiel voran, statt darum zu bitten.«[39]

Wenn ich das Vertrauen meiner Mitarbeitenden erlangen möchte, sollte ich zuerst anfangen, ihnen zu vertrauen. Geben Sie ganz bewusst Aufgaben oder Projekte ab und definieren Sie nur gemeinsam mit dem Team die Ziele, nicht aber den Weg. Vertrauen Sie Ihren Mitarbeitenden, dass sie den Weg finden, der zu ihnen passt. Lassen Sie sie damit aber nicht allein. Statt am Ende nur das Ergebnis zu kontrollieren, sollten Sie ganz bewusst herausstreichen, dass Sie jederzeit für Fragen oder Abstimmungen zur Verfügung stehen. Bei längeren Projekten dürfen Sie auch selbstverständlich zwischenzeitlich nachhaken, ob es bisher wie geplant vorangeht oder Anpassungsbedarf besteht.

Oft fällt uns das schwer, weil wir der Meinung sind, so gut oder so schnell wie wir könnten das andere sowieso nicht tun.

Selbst wenn das stimmen würde, sollten wir uns fragen, ob es ausschließlich darum geht, dass alles so perfekt läuft, wie wir es von uns selbst glauben. Ist es ausschlaggebend, dass alle Aufgaben exakt so erledigt werden, wie wir es für richtig halten? Oder ist es besser, dass die Aufgaben zufriedenstellend beendet werden? Ist es die Aufgabe von Führungskräften, alles selbst zu tun? Ganz sicher nicht. Deshalb ist es unabdingbar, dass wir anderen vertrauen, dass wir sie unterstützen, aber grundsätzlich an ihre Fähigkeit glauben. Tun wir dies nicht, haben wir ein großes Problem.

Anderen zu vertrauen bedeutet auch, Kontrolle abzugeben. Dies könnte für manche Führungskraft problematisch sein. Schließlich hat man deshalb seine Position erreicht, weil man zumindest in einigen Aspekten besser als andere ist. Man steigt auf der Leiter nicht nach oben, weil man zum Durchschnitt gehört, sondern weil man gern etwas mehr leistet oder besondere Qualitäten mitbringt. Doch so gut dieses Erbringen von Leistung auf dem Weg nach oben ist, so hinderlich ist es, um eine gute Führungskraft zu sein. Denn jetzt gilt es abzugeben, die Übersicht zu behalten und die generelle Richtung zu vermitteln, aber nicht jedes Detail selbst anzugehen.

Ich möchte noch einmal auf das Bild vom Klettern zurückkommen. Stellen Sie sich vor, Sie sind in den Alpen unterwegs und haben eine schwierige Passage im Vorstieg gemeistert. Jetzt sind Sie am Gipfel und die anderen Kletternden sind noch weiter unten. Ihre Aufgabe ist es, diese zu sichern. Den Nervenkitzel des Vorstiegs haben Sie gemeistert, deshalb sind Sie auch zuerst oben angelangt, aber Sie können die anderen nicht sehen, sondern fixieren das Seil an geeigneter

Stelle. Ihre Erfahrungen sind wertvoll und vielleicht können Sie noch den ein oder anderen Tipp geben, aber Sie können unmöglich jeden Schritt der Nachsteigenden kommentieren. Die Menschen müssen ihren eigenen Weg finden. Ihre Aufgabe ist es jetzt, darauf zu vertrauen, dass diese das schaffen, und sie abzusichern, falls doch etwas passiert. Zeigen Sie, dass Sie vertrauen, so werden Sie auch das Vertrauen der anderen gewinnen. Es ist der einzige Weg.

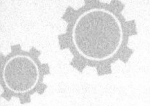

ZUSAMMENFASSUNG

- Gute Führungskräfte brauchen diverse Qualitäten, die sich zu einem guten Mix ergänzen (unter anderem Flexibilität, Mut, Ausdauer und Führungsstärke).

- Das Gefühl von Sicherheit ist unabdingbar, damit Mitarbeitende ihren vollen Beitrag leisten können.

- Eine Grundvoraussetzung für psychologische Sicherheit ist Vertrauen in die Führung.

- Um Vertrauen aufzubauen, braucht es Zeit.

- Ein Weg zu mehr Vertrauen besteht darin, den anderen Vertrauen zu schenken.

VERTRAUEN AUFBAUEN – LEICHTER GESAGT ALS GETAN

Es braucht Zeit, bis man anderen sein Vertrauen schenkt, aber wie kann ich gewährleisten, dass ich dies überhaupt erreiche? Überlegen Sie einmal selbst, welchen Menschen Sie vertrauen. Was zeichnet diese Personen aus? Im Regelfall verbindet mindestens ein Faktor all diese Menschen: Sie stehen zu ihren Worten bzw. Wort und Tat befinden sich im Einklang. Es ist unabdingbar, dass das, was Sie äußern, auch durch Ihr Tun gestützt wird. Machen Sie keine Versprechungen, die Sie nicht halten können. Behaupten Sie nichts, was Sie nicht auch zu Ende führen können.

Bestimmt kennen auch Sie Menschen, egal ob das Führungskräfte sind oder nicht, die Ihnen Dinge zusichern und dann kurz vorher einen Rückzieher machen. Egal ob es darum geht, beim Umzug zu helfen, die Kinder abzuholen oder eine Anfrage für Sie zu übernehmen. Wie haben Sie sich in dem Moment gefühlt? Sie waren zumindest enttäuscht, eventuell sogar verärgert oder wütend. Auf alle Fälle hat das Verhalten der anderen Person dazu geführt, dass Sie keine Lust verspüren, ihr zu helfen oder ihr nochmals so leicht zu vertrauen. Natürlich kann die Person spontan verhindert gewesen sein, gute Begründungen können Sie besänftigen, aber es hinterlässt immer einen Zweifel. Passiert das dann nochmals, wird diese Kerbe sofort und massiv vertieft.

Noch schlimmer ist es, wenn Vertrauliches über Umwege offenkundig wird. Stellen Sie sich vor, Sie vertrauen jemandem etwas an, das Ihnen unangenehm ist. Das könnte etwas Privates sein, z. B. dass Sie Ihre Frau dahingehend angelogen haben, wo Sie einen bestimmten Abend verbracht haben. Derjenige, mit dem Sie darüber sprechen, erwidert: »Das kenne ich gut, ich habe schon mehr als eine Notlüge verwendet, um zu Hause keinen Streit vom Zaun zu brechen.« Sie denken sich nichts dabei, aber zwei Wochen später spricht Sie ein anderer Kollege an und solidarisiert sich mit Ihnen und Ihrem Verhalten. Sie sind perplex. Woher weiß er davon? Es kann nur der Gesprächspartner von vor zwei Wochen gewesen sein. Also bitten Sie diesen um ein Gespräch. Dabei stellt sich heraus, dass dieser eine Notlüge als vollkommen normal wertet. Er kann sich überhaupt nicht vorstellen, dass Sie ihm das im Vertrauen offenbarten und auf keinen Fall wollten, dass andere davon erfahren. Er wertete das Gespräch als Plauderei und nicht als etwas Intimes. Deshalb kam er auch nicht auf den Gedanken, dass es vertraulich bleiben sollte.

Wir bewerten alle Dinge, die andere uns erzählen, gleichen sie mit unseren Maßstäben ab und verhalten uns dementsprechend. Wenn wir etwas für vertrauensvoll halten, verhalten wir uns dementsprechend. Ordnen wir das Gespräch unter Small Talk ein, plaudern wir eventuell auch mit anderen darüber. Um das Vertrauen und die Offenheit anderer zu erlangen, sollten wir uns aber angewöhnen, grundsätzlich eher

Stillschweigen zu bewahren. Alles, was uns im Vier-Augen-Gespräch erzählt wird, ist vertraulich. Lieber halte ich einmal unnötigerweise den Mund, als dass ich ihn einmal zu viel öffne, denn Vertrauen ist schnell zerstört.

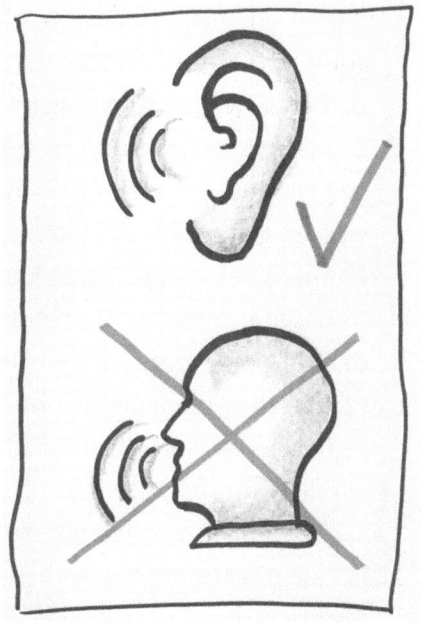

Ich habe mir angewöhnt, Dinge, die andere mir erzählen, für mich zu behalten. Nicht nur als Coach ist dies unabdingbar, auch als Mensch, der in einem Dorf lebt. Ich erlebe zu viele Nachbarn, die sich selbst hervorheben wollen, indem sie über andere sprechen. Natürlich steigt damit für einen kurzen Moment das eigene Ansehen, da man etwas berichten kann, aber langfristig sinkt es. Deshalb folge ich dem alten Sprichwort: »Reden ist Silber. Schweigen ist Gold.«

Sollten Sie unsicher sein, ob Dinge, die andere Ihnen erzählen, unter die Rubrik Vertrauliches gehören oder nicht, dann fragen Sie doch die Person. Gestehen Sie, dass Sie im Moment unsicher sind, ob der Mensch möchte, dass Sie auch nach außen hin tätig werden oder nicht. Denn gerade als Führungskraft gibt es immer wieder Gespräche, bei denen man sich fragt, ob die Person nur ihrem Frust Ausdruck verleihen wollte oder sich wünscht, dass man in irgendeiner Weise handelt.

Womit wir beim nächsten wichtigen Punkt sind: Wertschätzung durch Aufmerksamkeit. Wenn Mitarbeitende zu Ihnen kommen, wünschen sie sich Ihre Aufmerksamkeit. Sie wollen etwas ansprechen und eventuell kostet sie dies sogar einiges an Mut und Überwindung. Klären Sie gern vorher ab, um was es geht, und definieren Sie, ob und wie viel Zeit Sie im Moment dafür aufbringen können. Somit sind Sie ehrlich und transparent und Ihr Gegenüber kann selbst entscheiden, ob der Zeitpunkt passt. Wenn Sie jedoch im Gespräch sind, sollten Sie alle Ablenkungen und Störfaktoren vermeiden. Nur so signalisieren Sie, dass Ihnen Ihr Gegenüber wichtig ist und Sie wirklich interessiert sind.

Oft sind es die Kleinigkeiten, die dazu führen, dass wir uns in Gesprächen nicht gesehen fühlen. Das kann ein flüchtiger Blick auf die Uhr sein, der uns das Gefühl gibt, dass wir zu lange reden oder dass unser Gesprächspartner in Gedanken schon beim nächsten Termin ist. Das Lesen von SMS vermittelt uns, nicht relevant zu sein. Der Blick auf den Computer lässt uns glauben, dass wir im Moment keine Priorität haben. Von Charlie Chaplin soll ein Zitat stammen, das ich in Kommunikationsworkshops gern zum Einstieg bringe: »Handlung wird allgemein besser verstanden als Worte. Das Zucken einer Augenbraue, und sei es noch so unscheinbar, kann mehr ausdrücken als 100 Worte.«[40] Ich glaube, wir alle kennen solche kleinen Handlungen, die uns wie eine Ohrfeige treffen können. Deshalb sollten wir selbst darauf achten, diese nicht aus Unachtsamkeit auszuteilen.

Aus diesem Grund sollten Sie vor wichtigen Gesprächen dafür sorgen, alle Störfaktoren zu eliminieren. Wir denken uns nichts dabei, wenn wir auf das Smartphone schauen, aber für unser Gegenüber hat das eine ganz andere Bedeutung. Natürlich können wir noch zuhören, während wir auf die Uhr sehen, aber wir senden damit eine Botschaft. Und diese Botschaft ist nicht beziehungs- und vertrauensaufbauend. Wenn wir erwarten, gestört zu werden, dann sollten wir dies vor Beginn des Gespräches ankündigen. In Seminaren diskutieren Teilnehmende immer wieder über die Benutzung von Smartphones. Ich selbst habe entweder den Flugmodus eingeschaltet oder es auf lautlos (ohne Vibration) gestellt und lege es dann mit dem Display nach unten auf den Tisch. Es gibt jedoch Teilnehmende, die schon vorher sagen, dass sie beruhigter sind, wenn sie es sehen. Dies ist vielleicht der Fall, weil die Kinder allein sind oder die Mutter im Krankenhaus. Für mich ist das in Ordnung, doch es entstehen regelmäßig Gespräche unter den Anwesenden, weil einige sich dadurch irritiert fühlen. Sie haben das Gefühl, ihre Wortbeiträge verpuffen und werden nicht beachtet. Solche scheinbaren Kleinigkeiten können ganz entscheidend dabei sein, ob andere sich gesehen fühlen.

Vertrauen hat immer etwas damit zu tun, ob Ihr Gegenüber sich gesehen fühlt. Es geht somit um die Beziehung zu ihm. Diese können wir stärken, indem wir uns für die Person interessieren und verstehen wollen, was sie bewegt, antreibt oder auch bremst. Achtung: Stellen Sie bitte solche Fragen nicht nach Schema F, ohne an dem Menschen und den Antworten wirklich interessiert zu sein. Dies bewirkt schneller als alles andere einen Abbruch des Beziehungsaufbaus. Führen

Sie mit Ihren Mitarbeitenden kleine persönliche Gespräche. Dabei geht es nicht darum, die andere Person in Gänze kennenzulernen, auszufragen oder jeden Grund nachvollziehen zu können, der diese Person motiviert. Im Vordergrund steht, ganz allmählich Menschen besser verstehen zu wollen. Und das funktioniert natürlich nur, wenn Sie auch echtes Interesse an der Person haben. Ich habe in meinem Leben festgestellt, dass jeder Mensch interessant ist, wenn ich ihm ein Stück in seine Welt gefolgt bin. Wir alle haben unsere eigenen, ganz persönlichen Erfahrungen gemacht. Diese definieren, wie wir uns fühlen und in bestimmten Situationen verhalten. Kenne ich den Menschen, kann ich seine Beweggründe besser nachvollziehen und erkenne, welches Bedürfnis ihn im Moment dominiert. Ein Gespräch mit anderen Menschen ist für mich immer wie eine Reise auf eine unbekannte Insel. Ich sollte ohne feste Vorstellungen von dem, was mich erwartet, dorthin reisen. Gehe ich davon aus, dass es dort so ist, wie bei mir zu Hause, dann werde ich immer enttäuscht sein. Dann schmeckt das Essen nicht, die Insekten sind fürchterlich und die Bewohner könnten ruhig auch einmal freundlich sein. Und bei der Hitze kann man ja

überhaupt nicht schlafen. Ich weiß wirklich nicht, warum ich dorthin gereist bin. Bin ich aber offen für das, was die Insel mir bietet, entdecke ich einen versteckten Wasserfall, ganz neue Arten der Essenzubereitung und lasse mich darauf ein, gegrillte Heuschrecken zu probieren. Nicht alles muss mir zusagen, aber ich lasse mich auf die Welt ein. Genau das gleiche gilt für ein Gespräch. Wenn ich den anderen kennenlernen möchte, darf ich mich freimachen vom permanenten Vergleichen. Ich kann ein wenig in seine Welt eintauchen, seinem Antrieb folgen und nach der Rückkehr überlegen, ob ich noch einmal in diese Welt möchte oder lieber nicht.

Wie wir weiter oben gesehen haben, können wir gar nicht anders, als unsere Umwelt und die Menschen, die uns begegnen, permanent mit den eigenen Vorstellungen abzugleichen. Aber was wir ganz bewusst machen können, ist, diese spontane Vorannahme zu überprüfen. Welches ist das Bild, das ich von dem Mitarbeitenden habe? Worauf beruht es? An welchem konkreten Verhalten mache ich es fest? Gibt es noch andere Auslegungen des Verhaltens? Was wäre, wenn ich eine andere Deutung zulassen würde?

Wenn Sie den Fragen in Gedanken gefolgt sind und eventuell dabei eine konkrete Situation vor Augen hatten, werden Sie am Ende bestimmt zu anderen Deutungen gekommen sein. Es geht auch gar nicht darum, zu überlegen, welche Interpretation die richtige ist. Vielmehr ist das Ziel festzustellen, dass es verschiedene Möglichkeiten der Interpretation gibt. Allein dadurch mache ich mich frei vom Automatismus der unbewussten Einordnung. Wir stecken Menschen spontan in eine Schublade. Machen wir uns das aber bewusst, können wir diese auch direkt wieder öffnen und überlegen, ob es noch andere Interpretationen geben könnte. Somit übernehme ich die Regie und folge keinen Anweisungen des Unterbewusstseins. Für eine solche Reflexion braucht es Zeit. Deshalb ist es so wichtig, nicht spontan zu reagieren, wenn uns etwas negativ auffällt, sondern den ersten Impuls abebben zu lassen, dann andere Deutungsoptionen in Betracht zu ziehen und erst danach die direkte Kommunikation zu suchen.

Unser erster Impuls fußt meistens auf einer vorgefassten Annahme. Doch das ist nur eine Möglichkeit. Um Vertrauen aufzubauen, ist es notwendig, den Menschen in seiner Vielschichtigkeit zu akzeptieren und offen dafür zu sein, dass wir alle nicht nur eindimensional sind und handeln. Beginne ich Menschen mit Offenheit zu begegnen und versuche ich, sie zu verstehen, dann sende ich genau die Art von Wertschätzung aus, die notwendig ist, damit andere sich sicher fühlen und mir vertrauen. Somit ist bei spontanen Impulsen Vorsicht geboten, gönnen Sie sich einen Moment der Reflexion. Sie können dadurch viel Zeit im Nachhinein sparen, weil Sie nicht später etwas neu aufbauen müssen, das Sie zuvor durch eine unbedachte Reaktion eingerissen haben.

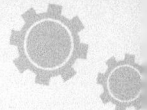

ZUSAMMENFASSUNG

- Um Vertrauen aufzubauen, ist es wichtig, dass sich Wort und Tat in Einklang befinden.

- Dinge, die Ihnen ein Mitarbeiter im direkten Gespräch offenbart, sollten nicht an Dritte weitergegeben werden.

- Im Zweifelsfall fragen Sie den Mitarbeiter, ob er sich wünscht, dass Sie etwas tun oder ob er nur etwas erzählen wollte.

- Schenken Sie Menschen Ihre volle, ungeteilte Aufmerksamkeit, wenn Sie mit ihnen sprechen.

- Versuchen Sie in Gesprächen nicht, Ihre Vorannahmen zu bestätigen, sondern seien Sie offen für Ihr Gegenüber.

- Regulieren Sie Ihre spontane Reaktion und überlegen Sie, ob es auch andere Interpretationsweisen des Verhaltens gibt, wenn sich bei Ihnen Widerstand regt.

VON MENSCH ZU MENSCH

Oft stecken wir in unseren Rollen fest und vergessen dabei das Wesentliche. Egal aus welcher Position ich heraus kommuniziere, es geht immer darum, von Mensch zu Mensch zu sprechen. Mache ich mich möglichst unnahbar, weil ich glaube, so ein Verhalten passe zu meiner Position, werde auch ich nicht als Mensch gesehen. Doch jede Art von Kommunikation wird dann wirkungsvoll, wenn ich es schaffe, diese Rolle in mein Sein zu integrieren. Es gilt also nicht, fehlerfrei oder perfekt nach außen zu wirken, sondern menschlich. Dann ist die Chance viel größer, dass mein Gegenüber sich auf mich und meine »Insel« einlässt.

Warum ist das so? Ich mag das **Modell des Eisberges**, da es für mich am deutlichsten beschreibt, wie Kommunikation funktioniert. Wenn wir miteinander kommunizieren, tauschen wir Worte aus, unterstreichen deren Bedeutung durch Gesten und unsere Mimik oder stellen sie dadurch auch infrage. Sichtbar sind also die Dinge, die wir tun. Dabei geht es darum, welche Worte wir verwenden, in welchem Tempo und mit welcher Lautstärke wir sprechen. Auch unsere Stimmfärbung drückt einiges über unseren Gemütszustand aus, ist allerdings Interpretationen unterworfen. Wenn ich meine Augenbrauen zusammenziehe, bedeutet das vielleicht, dass ich nicht mit dem Gehörten einverstanden bin. Es kann aber auch bedeuten, dass ich konzentriert dem Gedanken folge. Mimik wird demnach sehr vielfältig interpretiert. Gleichzeitig wird ohnehin alles, was ich tue und sage, mit der anderen Position abgeglichen. Es ist also im übertragenen Sinne ein permanentes Pingpongspiel.

Abgeglichen wird es aber vor allem mit Dingen, die auf den ersten Blick nicht sichtbar sind und unter der Wasseroberfläche liegen. Und das ist der größere Teil. Dort befinden sich z. B. Erwartungen, Gefühle, frühere Erfahrungen, Bedürfnisse, Normen und Werte. Diese nicht sichtbaren Anteile bilden die Grundlage für das, was sichtbar oder hörbar passiert. Dort unter der Wasseroberfläche verstehen sich Menschen oder prallen gegeneinander. Vergleichbar ist das mit zwei Eisbergen, die sich aufeinander zubewegen. Diese stoßen, genau wie Menschen, unterhalb des Sichtbaren zusammen (bei Kontroversen) oder verschmelzen dort (wenn Einigkeit besteht). Wenn ich wirklich mit meinem Gegenüber in Kontakt kommen will, sollte ich versuchen zu ergründen, was das Gesagte stützt, was also unterhalb liegt. Welches Bedürfnis treibt meine Mitarbeiterin an, keine Pausen zu machen? Suche ich das

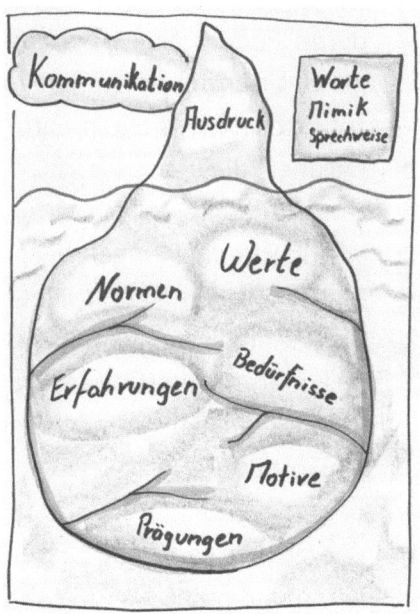

Gespräch mit ihr, erfahre ich vielleicht, dass sie Angst hat, gekündigt zu werden, wenn sie nicht schnell genug arbeitet. Dann können wir über diese Sorge reden. Warum rechtfertigt sich ein anderer Mitarbeiter bei jedem Hinweis, den ich ihm gebe? Hat er vielleicht das Gefühl, ich würde ihn kritisieren, weil er nicht gut genug sei? Darüber gilt es, sich miteinander auszutauschen, bevor ich ihm weitere Tipps gebe. Schaffe ich es, solche Aspekte im Gespräch zu erfahren, dann rede ich zu dem Menschen, reduziere die Person nicht auf das momentane Verhalten und die Ausprägung des Bedürfnisses, das dahinter liegt. Deshalb ist ein Gespräch über Wertvorstellungen, Bedürfnisse oder frühere Erfahrungen kein wertloser Small Talk, sondern wesentlicher Bestandteil einer guten Beziehung.

Es geht hierbei nicht darum, zu versuchen, mit jeder anderen Person eine Übereinstimmung zu erzielen. Vielmehr geht es darum, Verständnis zu gewinnen, sich darüber auszutauschen, was einen antreibt, worauf die Entscheidungen beruhen, die man trifft, oder über die Art und Weise, wie man Dinge erledigt. Auf dieser Grundlage kann man auch unterschiedliche Meinungen besprechen. Weil sich die Person als Mensch wertgeschätzt sieht, ist es problemlos möglich, über unterschiedliche Standpunkte sachlich und konstruktiv zu diskutieren. Ohne diese Grundlage wird das, was darunter verborgen liegt, immer wieder den sachlichen Austausch boykottieren.

Wie gelingt es, genau diesen Umgang miteinander zu etablieren und mehr von den Mitarbeitenden zu erfahren? Wenn ich von jemand anderem etwas mitbekommen möchte, sollte ich erst einmal zuhören. Das aktive Zuhören ist sowohl eine Haltung als auch eine Technik, die darauf ausgelegt ist, die andere Person mit ihrem Verhalten verstehen zu wollen und die Gefühle auszuloten, die damit einhergehen. Ein sehr passendes Bild, das ich in einem Vortrag gehört habe, vergleicht das aktive Zuhören mit einem Trampolin[41]. Das Bestreben sollte sein, wie bei einem Trampolintuch, dem Partner mehr Tiefe und Höhe zu geben. Man sollte sein Gegenüber somit nicht ausfragen, um die eigene Neugier zu stillen, sondern um ihm sein Verhalten und die Antriebsfeder dafür bewusst zu machen. Dadurch, dass die andere Person ihr Verhalten reflektiert und artikuliert, gewinnen beide Klarheit und können Aspekte herausarbeiten, an denen man dann ansetzen kann. Dazu sind Fragen wie: »Spannend, was genau hast Du da gemacht?« oder »Interessant, wie genau kann ich mir das vorstellen?« geeignet. Aber da die meisten Menschen in der Regel gern von sich und ihren Erfahrungen berichten, genügt oft schon der Satz: »Erzähl mir mehr!«.

Von der technischen Seite her zeigt man durch Nicken, Blickkontakt und das sogenannte »soziale Grunzen« (das sind Laute wie »hm« oder Ähnliches), dass man mit seiner Aufmerksamkeit beim Gegenüber ist. Ich demonstriere also: »Mein Fokus liegt bei Dir, ich bin interessiert an dem, was Du mir mitteilst.« Somit ist es auch hier selbstverständlich extrem wichtig, sich nicht ablenken zu lassen, sondern konzentriert und bei der Sache zu sein. Allein dadurch bestärke ich meinen Gesprächspartner und ermuntere ihn zum Reden.

Die nächste Stufe behandelt das Verstehen auf der kognitiven Ebene. Dabei geht es darum, mitzuteilen, was man wie verstanden hat. Das kann durch Nachfragen passieren, aber auch durch Paraphrasieren. Dabei wiederholt man das Gehörte in eigenen Worten. Die eigenen Worte sind dabei maßgeblich, damit man zum einen nicht wie ein Papagei klingt, der das Gesagte mechanisch wiederholt. Zum anderen erfassen wir die Botschaften ja aus unserem Verständnis heraus und ordnen die Worte automatisch dementsprechend ein. Wenn eine Mitarbeiterin z. B. sagt: »Ich fühle mich von Ihnen so unter Druck gesetzt«, dann bringt es nichts, dies einfach zu wiederholen. Denn Sie wissen noch nicht, was die Mitarbeiterin damit meint. Fragen Sie aber: »Wenn ich Aufgaben an Sie delegiere, dann bin ich Ihnen zu fordernd?«, dann könnte sie erwidern: »Nein, das passt, aber Sie wollen immer, dass ich das sofort erledige, obwohl ich gerade an einer anderen Aufgabe sitze.« Durch das Paraphrasieren finden Sie also heraus, was andere meinen. Das obige Beispiel ist zwar sehr einfach gewählt, aber damit wird das Prinzip klar. Sie können sich z. B. einmal überlegen, wie viele Interpretationen des Begriffs »Freiheit« Ihnen einfallen. Dann wird Ihnen deutlich, wie wichtig es sein kann, Klarheit zu gewinnen, was das Gegenüber damit genau meint, wenn er von Freiheit spricht.

Damit kommen wir zur dritten und letzten Stufe des aktiven Zuhörens. Dort geht es darum, zu verbalisieren, welches Gefühl anscheinend mit dem Gesagten verbunden ist. So kommen wir unter die Wasseroberfläche und fangen an, die Beweggründe zu analysieren. Denn Gefühle sind Hinweisschilder für Bedürfnisse. Hierbei liegt die kleine Gefahr darin, dass wir leicht so wirken könnten, als würden wir unser Gegenüber ausfragen oder ihm etwas unterstellen. Deshalb vermeide ich Sätze wie »Und wie geht es Ihnen damit?« oder »Was fühlen Sie dabei?«. Eleganter finde ich es, von mir zu sprechen: »Wenn ich das höre, merke ich, wie ich schon beim Zuhören wütend werde. Geht es Ihnen ähnlich?« oder »Wenn ich in Ihrer Situation wäre, würde ich wütend sein.« Damit sage ich, wie ich empfinde und biete meinem Gesprächspartner die Chance, zuzustimmen oder sich abzugrenzen. Das Gefühl des Ausfragens stellt sich dadurch nicht ein und wir können ein Thema ansprechen, das zwar auch im beruflichen Kontext wichtig ist, aber gern vermieden wird.

Gehören Gefühle denn wirklich in den Arbeitsalltag? Ich denke, wenn wir keine Gefühle bei der Arbeit empfinden würden, hätten wir auch keinen Stress. Denn das hat immer etwas mit dem Gefühl der Hilflosigkeit oder Wertlosigkeit zu tun. Gefühle können wir auch nicht einfach wie einen Mantel an der Garderobe abgeben. Selbst Emotionen, die aus dem privaten Bereich kommen, prägen uns während der Arbeitszeit. Denken Sie nur daran, wie es Ihnen geht, wenn Ihr Kind oder ein anderes Familienmitglied schwer krank ist. Können Sie das einfach vergessen oder gibt es zwischendurch immer wieder Momente, in denen dieses Wissen ein unangenehmes Gefühl auslöst? Ich kann meinen Kopf nicht ausschalten, auch wenn es mir in Momenten des Tuns gelingt, meinen Fokus auf etwas anderes zu richten. Aber danach ist das ursprüngliche Gefühl sofort wieder präsent. Deshalb bin ich der festen Überzeugung, dass Gefühle auch im Arbeitskontext angesprochen werden sollten. Da dies Menschen jedoch generell nicht leichtfällt, sollten Sie als Führungskraft die Hürden auf dem Weg verkleinern. Die oben beschriebene Methode ist ein sinnvoller Ansatz hierfür.

Denken Sie immer wieder daran: Sie können einem Menschen kaum mehr schenken als Ihre Aufmerksamkeit, Ihr Interesse und die Zeit, ihn verstehen zu wollen. Wenn ich in meinen Trainings Übungen zum Thema aktives Zuhören mache, bekomme ich immer wieder die Rückmeldung, wie wertvoll so etwas Simples ist. Wir alle wünschen uns jemanden, der uns zuhört, dem wir vertrauen können, ganz besonders, wenn diese Person auch noch ein Vorgesetzter ist. Sie können dadurch also Ihren Mitarbeitenden etwas Wichtiges schenken. Ich garantiere Ihnen, dass Sie dafür im Gegenzug auch später etwas zurückerhalten. Wertschätzung ist auf Dauer motivierender als alle anderen Incentives.

Es gibt noch eine Sache, die uns menschlich erscheinen lässt: das Bitten um Hilfe. Wenn wir andere um Hilfe ersuchen, zeigen wir, dass wir auch nur Menschen sind und nicht alle Probleme dieser Welt allein lösen können. Wir verdeutlichen, dass wir mutig genug sind, uns verletzlich zu zeigen. Denn noch immer kostet es Mut zuzugeben, dass wir auf die Unterstützung anderer angewiesen sind. Es könnte ja der Eindruck entstehen, dass wir nicht kompetent genug sind. Das ist jedoch gar nicht so. Zum einen bitten wir ja nicht irgendjemanden um Hilfe, sondern eine konkrete Person, die sich wertgeschätzt fühlt, dass sie gefragt wird. Zum anderen zeigen wir genau dadurch Kompetenz, dass wir unsere Stärken, aber auch unsere Schwächen oder Lücken kennen. Zu glauben, man müsse alles wissen bzw. dieses Bild nach außen tragen, ist ein Zeichen von Schwäche, nicht von Stärke. Mir geht immer wieder eine Liedzeile im Kopf herum, in der es heißt: »Too scared to be vulnerable[42]«. Ella Henderson singt sie in ihrem Song »Ugly[43]«. Ich mag diese Zeile, weil sie so schön verdeutlicht, dass das Zeigen der eigenen Verletzlichkeit oft durch Angst verhindert wird.

Wie schaut es denn bei Ihnen aus? Werden Sie von Menschen, die Ihnen am Herzen liegen, gern um Hilfe gebeten? Wenn es Ihnen so geht wie den meisten Personen, dann bejahen Sie diese Frage. Stelle ich im Seminar dann die Folgefrage: »Fragen Sie regelmäßig andere um Hilfe?«, dann bleiben die meisten Hände unten. Es ist paradox, wir tun gern etwas für andere, fühlen uns geehrt, wenn andere uns um Unterstützung bitten. Aber wir überreichen dieses Geschenk nur selten an andere. Lieber mühen wir uns selbst ab, starten mehrere Versuche, statt andere um Hilfe zu bitten. Dabei würden wir ihnen dadurch ein Geschenk machen, denn auch sie würden uns gern helfen, würden ihre Qualitäten zeigen. Es ist gut, andere Menschen um Hilfe zu bitten, sie spüren dadurch die Wertschätzung, die Sie ihnen entgegenbringen.

Erbitte ich Unterstützung, zeige ich mich menschlich, beende den Irrglauben, dass man alles können muss, und verteile dabei auch noch Geschenke. Dies sind genügend gute Gründe, genau das ab heute zu tun. Idealerweise fragt man ganz spezifisch um Hilfe, beschreibt, was man bisher probiert hat und bittet um neue Lösungsideen. Dadurch erhalten Sie mehrere Vorschläge und können dann selbst entscheiden, welche Strategie Sie ausprobieren. Somit geben Sie die Kontrolle nicht ab, sondern lösen das Problem gemeinsam. Es ist gut, wenn Sie mehrere

Ideen einholen, ansonsten kann es sein, dass Sie nur einen Vorschlag erhalten, der Ihnen eventuell überhaupt nicht zusagt. Lehnen Sie diesen ab, ist fraglich, ob Ihr Gegenüber Ihnen später nochmals helfen will. Deshalb bitten Sie besser um möglichst viele Anregungen, mindestens aber drei, dann haben Sie eine Auswahlmöglichkeit. Natürlich ist das nicht notwendig, wenn es um kleine spezifische Lösungen wie bei IT-Problemen geht.

Probieren Sie es ruhig bei nächster Gelegenheit aus, andere um Hilfe zu bitten. Sie werden erstaunt sein, wie schnell dies auf das Konto des Vertrauens einzahlt.

Im Alltag stehen wir manchmal unter Stress und äußern uns unbedacht. Wir sprechen und denken erst im Anschluss darüber nach. Oft merken wir an der Reaktion des Empfängers, dass wir gerade voreilig geredet haben, aber dann ist es zu spät. Worte, die einmal den Mund verlassen haben, kann man nicht wieder zurücknehmen. Es ist höchstens möglich, sich danach für die Wahl der Worte zu entschuldigen, aber sie sind ausgesprochen. Kein Radiergummi der Welt kann sie und ihre Wirkung wieder komplett löschen. Gerade wenn die Beziehung zu dem Gegenüber heikel oder angespannt ist, sollte ich mir im Vorfeld drei Fragen stellen:

- Ist das, was ich anspreche, wahr?
- Ist es notwendig, dass ich das jetzt anspreche?
- Ist meine grundsätzliche Absicht eine freundliche?

Bei der ersten Frage geht es darum, zu prüfen, ob ich eine Schlussfolgerung getroffen habe, die andere Interpretationen ausschließt. Da wir immer wieder versuchen, uns in unserer Meinung zu bestätigen, kommt es oft vor, dass wir genau den Aspekt bewerten, der gut in unser Bild des anderen passt. Halte ich jemanden für unpünktlich, stelle ich jede noch so kleine Verspätung fest. Ich spreche die Person aber vermutlich nicht darauf an, wenn sie zur verabredeten Zeit eintrifft. Da ich sie für unzuverlässig halte, glaube ich auch deren Begründungen für die Verspätung eher selten.

Die zweite Frage klärt, ob ich meine Beobachtung nur anspreche, um mein Ego zu befriedigen. An mir selbst bemerke ich immer wieder, wie ich eine Äußerung tätigen will, nur damit ich das Bild von mir nach außen transportiere, das ich von mir zeigen möchte. Der Gedanke zielt nicht darauf ab, den anderen zu unterstützen, sondern mich in einem guten Licht dastehen zu lassen. Wenn meine Äußerung für mein Gegenüber nicht hilfreich ist, dann muss ich sie auch nicht aussprechen. Hier geht es demnach um den Zeitpunkt und mein Selbstbild, welches ich senden möchte.

Der letzte Aspekt dreht sich um die Absicht meines Verhaltens. Ist meine grundsätzliche Haltung dem Menschen gegenüber freundlich? Bringe ich der Person Wertschätzung entgegen und zeige das durch meine Wortwahl? Wenn ich diese Fragen verneine, sollte ich im Moment lieber nichts sagen, denn das Fundament ist nicht zukunftsfähig. Ich möchte dann nichts aufbauen, sondern zerstören.

Diese drei Fragen klingen sehr simpel, allerdings ist es nicht immer einfach, ihrem Rat im Alltag auch zu folgen. Doch da es nur drei sind, ist die Chance dennoch vorhanden, dementsprechend zu handeln. Ich empfehle Ihnen, mit einer Frage anzufangen und all Ihre Redebeiträge unter diesem Gesichtspunkt zu beleuchten. Irgendwann ist das in Fleisch und Blut übergegangen und Sie können die nächste Frage nutzen. Was sich nach und nach verändert, ist Ihre Haltung anderen Menschen gegenüber. Sie werden bedachter mit Worten umgehen. Dadurch müssen Sie sich viel seltener entschuldigen und es gelingt Ihnen schneller, Vertrauen aufzubauen. Sie werden als Führungskraft geschätzt, weil Sie sich selbst kontrollieren, und damit dienen Sie noch stärker als Vorbild.

Zum Abschluss dieses Kapitels möchte ich Ihnen noch ein paar Anregungen zum Thema Lob mitgeben. Wir alle wissen, wie wichtig es ist. Menschen brauchen das Gefühl, gesehen zu werden und dass ihre Mühe wahrgenommen wird. Beim Lob gibt es zwei Hauptkriterien zu beachten. Das eine ist die Haltung. Zeige ich mich gönnerhaft, indem ich die Person aus einer Position der Überlegenheit bewerte, wird die Attitüde stärker als das Lob wahrgenommen. Dazu zählen Floskeln wie: »Gut gemacht«, »Du bist eh die Beste«, »Starke Leistung« oder »Ihr seid ein Spitzenteam«. Nutze ich solche Phrasen, stelle ich mich über die anderen und zeige, dass ich das Recht habe, Lob zu spenden wie ein Wasserspender. Dabei wird das Lob meist ohne konkreten Bezug und eher nach Gusto verteilt. Der andere Aspekt ist, dass ich nicht den Menschen bewerte, sondern ein konkretes Verhalten. Damit stelle ich mich nicht anmaßend über die andere Person, sondern zeige ihr, dass ich sie wahrnehme und ihre Mühe anerkenne. Deshalb sollte man immer in eigenen Worten loben und das Verhalten oder auch die Anstrengung hervorheben anstelle des Ergebnisses. Denn dieses ist nur eingetreten, weil die Person etwas getan hat. Deshalb sollte man auch keine Selbstverständlichkeiten loben, ansonsten fühlt sich der andere nicht ernst genommen. Sprechen Sie also bitte auch nicht inflationär Lob aus, sonst hat es keine Kraft mehr. Beim Loben geht es darum, etwas Besonderes sichtbar zu machen. Dies kann eine besondere Stärke, ein mutiges Verhalten oder eine besonders gelungene Tat sein. Ein wertschätzendes Lob klingt z. B. folgendermaßen: »Danke, dass Du so einfühlsam beim Kunden Meyer agiert hast. Er hat den Vertrag unterzeichnet und gesagt, dass er sich durch Dich super verstanden gefühlt hat.«

Im Grunde genommen gilt das, was für das Verhältnis zwischen Führungskraft und Mitarbeitenden generell gilt, auch beim Lob. Die Haltung ist auf Augenhöhe, nicht der Mensch, sondern das Verhalten wird herausgestrichen. Ansonsten kann sich die positive Absicht nicht entfalten. Wenn man Ihr Verhalten lobt oder Ihnen dankt, dürfen Sie dies ruhig annehmen. Bedanken Sie sich, aber spielen Sie Ihr Verhalten nicht herunter, sonst machen Sie es den Mitarbeitenden schwer, selbst ein Lob anzunehmen. Auch hier sind Sie Vorbild und sollten sich dementsprechend verhalten. Es ist schön, wenn es Ihnen gelingt, in Ihrer Abteilung eine Kultur des Lobens zu etablieren. Trauen sich die Mitarbeitenden, auch Ihnen dies zu schenken, dann dürfen Sie stolz sein, denn Sie haben diese Wertschätzung untereinander ermöglicht. Und Sie haben den Grundstein für einen guten Umgang und das Herausstreichen von positiven Aspekten gelegt.

Sie haben Lust, einmal herauszufinden, wie es um das Vertrauen bei Ihnen bestellt ist? Erstellen Sie eine Liste mit den Namen Ihrer Mitarbeitenden und tragen Sie für jeden ein, wie sehr Sie ihm oder ihr vertrauen. Fügen Sie eine Skala von eins bis zehn ein, wobei eins für »gar nicht« steht und zehn »absolutes Vertrauen« bedeutet. Wählen Sie eine Ziffer pro Person und überlegen Sie, was Sie bräuchten, um der Person ein bis zwei Punkte mehr zu vertrauen. Machen Sie sich auch bewusst, was das für Ihren Arbeitsalltag bedeutet, wenn Sie der Person ein wenig mehr Vertrauen schenken würden. Wie könnten Sie es erreichen, ganz zu vertrauen? Diese Reflexion hilft Ihnen dabei, Klarheit über die unbewussten Antreiber und Hinderer in Bezug auf das Vertrauen herauszufiltern. Das unreflektierte Gefühl wird analysiert und damit fassbar. Und das eröffnet wieder Handlungsoptionen. Natürlich ist es auch möglich, die Mitarbeitenden darum zu bitten, das Vertrauen Ihnen gegenüber zu skalieren, am besten anonym. Stellen Sie auch dort die Frage, was die Mitarbeitenden bräuchten, um Ihnen mehr Vertrauen schenken zu können. Möglicherweise sind es Kleinigkeiten, die sich leicht umsetzen lassen. Vertrauen ist eine Währung, die viel Wert besitzt. Der Austausch darüber ist deshalb auch immer fruchtbar.

ZUSAMMENFASSUNG

- Um Vertrauen aufzubauen, ist es wichtig, auf der Beziehungsebene in Kontakt zu kommen.

- All das, was unter der Wasseroberfläche liegt, ist Grundlage des Verhaltens.

- Beim aktiven Zuhören ist das ehrliche Interesse am Gegenüber eine Grundbedingung.

- Durch die drei Stufen Aufmerksamkeit, inhaltliches Verstehen und emotionales Verstehen schenkt man dem anderen mehr Höhe und Tiefe.

- Um Hilfe zu bitten macht einen selbst menschlich und zeigt Wertschätzung für den anderen.

- Achten Sie auf Ihre Worte, denn Sie können sie nicht mehr zurücknehmen.

- Lob ist wichtig, sollte aber immer auf Augenhöhe und für konkretes Verhalten erteilt werden.

PSYCHOLOGISCHE SICHERHEIT, DER ERFOLGSFAKTOR NUMMER EINS

Warum gelingt es einigen Unternehmen, selbst in kritischen Phasen und instabiler Umgebung erfolgreich zu sein? Dieser Frage geht Amy Edmondson seit mehr als 20 Jahren nach. Sie untersucht, welche Rahmenbedingungen Wachstum ermöglichen und welche es behindern[44]. Ihre Ergebnisse decken sich mit denen vieler anderer Wissenschaftler: Damit ein Team gemeinsam gut arbeitet, braucht es einen Rahmen der Sicherheit. Dazu zählen Bedingungen, die es einzelnen Personen ermöglichen, Dinge auszuprobieren, Fehler zu machen, sich gegenseitig auf Unregelmäßigkeiten und Fehler hinzuweisen. Zu Beginn ihrer Forschungsreise stieß Amy Edmondson auf ein Ergebnis, das sie extrem irritierte. Sie hatte in Krankenhäusern zwei Aspekte untersucht. Zum einen prüfte sie, wie viele Fehler in dem jeweiligen Team gemacht wurden. Zum anderen wurde eruiert, wie effektiv die Teams arbeiteten. Sie erwartete, dass das effektivste Team die wenigsten Fehler machte. Ich denke, wir alle würden dies vermuten, aber das Ergebnis war ein anderes. Im erfolgreichsten Team wurden die meisten Fehler nachgewiesen, zumindest spiegelte die Auswertung dies wider. Wie kann dies sein? Das widerspricht dem logischen Denken. Doch im Laufe der Untersuchung stellte sich heraus, dass es gar nicht so einfach ist festzustellen, wer wie viele Fehler macht. Dafür aber, wie viele Fehler überhaupt kommuniziert werden. Wie offen gehen die Teams damit um, dass etwas nicht so gelaufen ist wie gewünscht? Das bewirkte den Unterschied zwischen erfolgreichen und weniger erfolgreichen Teams. Und um eigene Fehler zuzugeben oder auch andere darauf hinzuweisen, braucht es die Sicherheit, dass es okay ist, dies anzusprechen.

Warum aber verheimlichen Menschen überhaupt Fehler? Aus Angst! Gebe ich einen Fehler zu, kann es sein, dass ich in meiner Leistungsfähigkeit, in meinem Können abgewertet werde. Eventuell werde ich sogar generell abgestempelt als Verlierer. Einen Sachverhalt nicht anzusprechen, obwohl ich glaube, damit das Richtige zu tun, kann damit zusammenhängen, dass ich meine Beziehung zu den Kollegen nicht schädigen will. Bevor ich nicht zu 100 Prozent sicher bin, richtig zu liegen (und wann hat man schon diese Gewissheit?), sage ich lieber nichts und sammle weiter Informationen. Doch damit behindere ich die Möglichkeit für Innovationen. Und wenn ich von Innovationen spreche, meine ich damit nicht nur Entdeckungen, sondern auch das Überarbeiten von Prozessen. Der Umgang mit Fehlern ist ein ganz wesentlicher Erfolgsfaktor für die Entwicklung von Einzelpersonen und Unternehmen.

Wir sind es gewohnt, Fehler als etwas Schlechtes einzuordnen. Dazu tragen schon Erziehung und Schule in hohem Maße bei. Schließlich werden Fehler rot angestrichen und zeugen von Mangel. Lieber betrügen wir, als dass wir zugeben, einen Stoff nicht verinnerlicht zu haben. Wir verstecken Fehler. Dies prägt nach und nach unser gesamtes Denken. Dabei sind Fehler auch nur Hinweise. Sie bieten die Chance, sich weiter zu entwickeln, weil sie Möglichkeiten dazu aufzeigen. Das soll auf keinen Fall bedeuten, dass Sie ab heute versuchen sollten, so viele Fehler wie möglich zu machen, um sich zu entwickeln. Es geht darum, sie aus dieser negativen Wahrnehmung herauszuholen. Innovationen ohne Rückschläge und Fehler gibt es nicht. Von Thomas Edison stammt das Zitat: »Ich habe nicht versagt, ich habe nur 10.000 Wege gefunden, wie es nicht funktioniert.«[45] Hätte er aufgegeben, wäre die elektrische Glühbirne vielleicht nie erfunden worden. Es geht darum, wie man mit Fehlern umgeht, nicht darum, keine zu machen.

Eine Teilnehmerin an einem meiner Seminare hat das Wort »Fehler« durch das Wort »Erfahrung« ersetzt. Dazu muss ich sagen, sie war Amtsleiterin eines Finanzamtes in Berlin, also einer Behörde, bei der es sehr wichtig ist, dass mit Zahlen korrekt umgegangen wird. Aber was sie sagte, deckt sich mit dem, was Amy Edmondson bei den Krankenhäusern feststellte. Wenn offen über Fehler gesprochen wird, ist die Zusammenarbeit effektiver. Neue Strategien können implementiert werden und es erfolgt eine kontinuierliche Verbesserung der bestehenden Prozesse. In dem Finanzamt gab es regelmäßige Teambesprechungen und wenn Gäste anwesend waren, wunderten sich diese darüber, dass ständig über Erfahrungen geredet wurde. Allein die andere Benennung von Ereignissen führte dazu, dass mehr Probleme offen angesprochen werden konnten. Und erst wenn Dinge offen auf dem Tisch liegen, kann man über Lösungsschritte nachdenken. Solange sie verdeckt sind, passiert nichts. Das ist der Grund dafür, dass das Zugeben von Fehlern nicht bedeutet, dass man schlecht arbeitet, sondern nur, dass man sich sicher genug fühlt, statt Fehler zu verstecken, über Lösungen nachzudenken.

Was ist notwendig, um diese Sicherheit in einem Unternehmen oder einer Abteilung zu implementieren? Es sind vor allem vier Kernprinzipien, die dies fördern:

1. Ehrlichkeit

2. Verletzlichkeit

3. Kommunikation

4. Informationsfluss

In Gruppen, in denen man über andere redet, statt mit ihnen, kann keine Sicherheit entstehen. Schließlich vermutet jeder, dass auch über ihn gesprochen wird, wenn er nicht anwesend ist. Ehrlichkeit bedeutet allerdings auch, Dinge anzusprechen,

Versäumnisse beim Namen zu nennen. Genauso ist es wichtig, auch die Dinge zu kommunizieren, die gerade im Unternehmen nicht zum Besten laufen und die Mitarbeitenden so in die Unternehmensprozesse zu integrieren.

Verletzlichkeit zeigen heißt, sich als Mensch zu äußern und offen anzusprechen, wenn einen etwas verletzt hat. Damit kennzeichnet man auch die eigenen Erwartungen und spricht die Bitte aus, dass auch andere ihre Erwartungen formulieren. Sich in dieser Weise zu zeigen ist ein großer Schritt in Richtung Vertrauen und Menschlichkeit. Es bedeutet auch zu offenbaren, dass wir alle nur einen winzigen Aspekt dieser komplexen Welt überblicken können. Edgar Schein, ehemals Professor am MIT (Massachusetts Institute of Technology), bezeichnet diese Haltung als »Hier-und-Jetzt-Demut«[46] [47]. Das bedeutet, sich und anderen einzugestehen, dass diese komplexe Welt nur bis zu einem gewissen Grad durchschaubar ist. Dieses Eingeständnis soll aber nicht zu einer Vogel-Strauß-Haltung führen, in der man nichts unternimmt, weil die Welt undurchschaubar ist. Es gilt zu akzeptieren, dass wir nur einen Teil überblicken können, deshalb klare Schritte definieren und gehen sollten, um dann zu überprüfen, wohin uns das gebracht hat, aber ohne den Druck, genau an den Punkt zu gelangen, der dem Plan entspricht. Wer schon einmal in den Bergen unterwegs war, kennt das: Man hat eine Idee, auf welchen Gipfel man möchte, sieht diesen auch in der Ferne, aber kann nicht den direkten Weg dorthin wählen, sondern akzeptiert die geologischen Gegebenheiten und passt die Etappen daran an. Ansonsten wäre es, als würde man mit einem Gewehr auf ein Ziel in fünf Kilometern

Entfernung schießen und davon ausgehen, man müsse exakt ins Schwarze treffen. Das führt zu Lähmung und man wagt erst gar nicht abzudrücken.

Kommunikation ist extrem förderlich. Wir gehen oft davon aus, dass Dinge sowieso offensichtlich sind und versäumen, dies zu formulieren. Aber das, was in unserem Kopf klar ist, muss für andere Menschen überhaupt nicht ohne Weiteres erfassbar sein. Genauso gilt es, anderen zuzuhören, um ihre Sicht nachvollziehen zu können. Wenn es sich einfacher anfühlt, zu schweigen als zu reden, gibt es keinen Rahmen, der Sicherheit ausstrahlt. Erinnern Sie sich gern an die Aspekte aus den vorigen Kapiteln.

Gerade in kritischen Momenten tendieren Führungskräfte dazu, Informationen zu bündeln, Entscheidungen zu treffen und anzuordnen. Dabei ist gerade hier das Miteinander so wichtig. Deshalb hilft es, transparent zu sein und die vorhandenen Informationen möglichst schnell für alle Involvierten erfassbar zu machen. Dabei ist es unerheblich, ob das auf einer Tafel, einem Whiteboard oder einem digitalen Tool erfolgt. Der Fokus liegt darauf, den Fortschritt und die Hürden aufzuzeigen, damit alle an einem Strang ziehen können.

Beginnen wir mit dem Aspekt der Ehrlichkeit. Dafür ist Klarheit notwendig, denn ansonsten kann man nicht ehrlich miteinander umgehen. Für die Kommunikation zwischen Führungskräften und Mitarbeitenden hat sich der Verantwortungsdialog von Dr. Bernd Schmid als sehr hilfreich erwiesen.[48] Dieser Dialog erfolgt über eine praktische Vier-Felder-Matrix. Im oberen Bereich befinden sich die Belange, die sich auf die Persönlichkeit des Mitarbeitenden beziehen. Im unteren Bereich sind die Aspekte eingefügt, die im Zusammenspiel zwischen Unternehmen und Mitarbeitenden anzusiedeln sind. Die vier Felder lassen sich mit einfachen Worten leicht merken und wir gehen sie nacheinander durch:

- Wollen
- Können
- Sollen
- Dürfen

Wenn Sie diese vier Wörter lesen, stellen sich vermutlich automatisch die passenden Gedanken und Fragen dazu ein.

Wollen hängt stark von der eigenen Motivation ab. Habe ich bzw. hat der Mitarbeitende Lust auf die Aufgabe? Der Aspekt des Wollens hängt aber auch mit dem persönlichen Wertegerüst zusammen. Und hier wird es spannend. Denn dabei geht es nicht darum, ob ich die Aufgabe gern mache, sondern ob ich damit gegen meinen Wertekodex handeln muss. Vielleicht waren Sie selbst schon einmal in der Situation, einem Mitarbeitenden mitteilen zu müssen, dass er gekündigt wird. Und eventuell mochten Sie den Menschen, konnten die früheren Gründe für das Fehlverhalten, das zur Kündigung geführt hat, sogar verstehen. Und nun sollten Sie ihm die Entscheidung mitteilen. Dann wird es sich bei Ihnen in der Bauchgegend geregt haben. Sie empfingen ein klares Zeichen Ihres Körpers, dass das nicht fair sei. Ihr Verhalten entsprach nicht Ihren Werten. Immer dann, wenn wir gegen persönliche Werte agieren, geben wir gleichzeitig Gas, während wir die Handbremse angezogen haben. Das führt zu einer Menge Qualm, zur Verlangsamung und schnellen Erschöpfung.

Da über Werte generell wenig gesprochen wird und in Arbeitszusammenhängen so gut wie nie, stellt sich die Frage, wie Sie an notwendige Informationen gelangen, um mit Ihren Mitarbeitenden darüber in eine gute Kommunikation einzusteigen. Auch hier gilt, wie schon weiter oben: Fragen statt Reden. Gönnen Sie sich und Ihren Mitarbeitenden auch hier wieder ausreichend Zeit. Wir sind uns selbst der eigenen Werte oft nicht bewusst. Wie sollen wir diese dann in einem Gespräch benennen können?

Folgende Fragen sind Anregungen, wie Sie den Aspekt »Wollen« im Gespräch thematisieren können und zielführende Informationen von Ihrem Gegenüber erhalten:

- Von den Aufgaben, die Du regelmäßig machst, sind da welche dabei, die Du ungern erledigst?

- Gibt es Aufgaben, die Du gern verschiebst, obwohl sie leicht zu erledigen wären?

- Hat sich seit dem letzten Gespräch zwischen uns eine Situation ergeben, in der Du dachtest, »das geht gar nicht«?

- Wenn Du eine Aufgabe ab morgen nie wieder erledigen müsstest, welche wäre das? Warum? (Hier kann es auch um den Aspekt »Können« gehen, zu dem an späterer Stelle Ausführungen folgen.)

Natürlich umfasst das Feld »Wollen« weitere Aspekte. Möglicherweise geht es gar nicht um die Tätigkeit, sondern darum, dass der Mitarbeitende bei der Aufgabe mit anderen Menschen zusammenarbeiten muss, die er nicht mag oder die eine andere Arbeitsweise haben. Aber allein durch den Aspekt des Wollens können Sie viel Klarheit in die Kommunikation einbringen und dadurch viel besser zusammenarbeiten.

Das nächste Feld beschäftigt sich mit dem **Können**. Dies bezeichnet die Kompetenzen und Stärken der Mitarbeitenden. Wir alle kennen Aufgaben, die anderen Menschen leicht von der Hand gehen, uns selbst aber Geduld und Nerven im Übermaß kosten. Dabei ist unerheblich, ob es um das gleichmäßige Schneiden von Karotten geht, das Formatieren von Texten oder komplexere Aufgaben. Jeder Mensch hat Dinge, die ihm leichter fallen, und andere, die Mühe kosten. Ein Teil dieser Fähigkeiten ist erlern- und trainierbar, ein anderer Teil nur bedingt. Sie können einen Diplom-Physiker in Ihrem Team haben, dem es extrem schwerfällt, einen Text zu erstellen. Geben Sie andererseits einem Sprachwissenschaftler Excel-Dateien zur Überprüfung, kann es sein, dass dieser sich erst einmal krankmeldet. Intelligenz hat nichts damit zu tun, dass man alles gleich gut beherrscht. Neben dem Aspekt, ob man die Fähigkeit erlernt hat, ist auch relevant, wie regelmäßig man diese trainiert hat.

Im Feld »Können« geht es auch um die Entwicklungspotenziale des Mitarbeitenden. Vielleicht gibt es ja Tätigkeiten, die er gern übernehmen würde, wenn er Zugang zu Fortbildungen und Zeit zum Erlernen erhält. Vielleicht hat er aber auch Kompetenzen, die bisher nur schlummern und die er in seinem Arbeitsumfeld momentan gar nicht nutzen kann. Auch die Verteilung von Aufgaben im Team kann über die Frage des Könnens anders organisiert werden. Fragen dazu wären:

- Bei welcher Deiner Aufgaben blühst Du auf?
- Welche Deiner Aufgaben fallen Dir leicht?
- Wo unterstützt Du andere gern?
- Bei welchen Aufgaben bekommst Du Unterstützung?
- Gibt es Aufgaben, die Dich reizen würden und die Du im Moment noch nicht übernimmst?
- Gibt es noch eine Stärke von Dir, die Du gern einsetzen würdest, aber momentan noch kein Betätigungsfeld gefunden hat?

Die meisten Menschen suchen Herausforderungen, scheuen aber Überforderungen, deshalb ist es für eine langfristige Arbeitsbeziehung so wichtig, hier eine gute Balance zu erreichen. Das gelingt am besten über einen ehrlichen Austausch zu sämtlichen Aspekten des Könnens, die ich oben beschrieben habe.

Kommen wir zum **Sollen** und damit zur Sichtweise des Unternehmens. Menschen werden eingestellt, um bestimmte Aufgaben zu lösen. Dafür gibt es, wenigstens auf dem Papier, eine Stellenbeschreibung, die klar regelt, was die Person tun soll. Der Alltag sieht meist etwas bunter aus. Es gibt selten scharfe Trennlinien und Zuständigkeiten, schließlich geht es darum, das Unternehmen wirtschaftlich erfolgreich zu machen oder zu halten. Daher verschwimmen Aufgaben häufig. Gerade in Change-Prozessen ist der Anteil der neu entstehenden Tätigkeitsfelder hoch. Deshalb ist es genau dann auch besonders wichtig, die Zuständigkeiten zu klären. Mitarbeitende, denen nicht klar ist, ob bestimmte Teilaspekte in ihren Aufgabenbereich fallen, können dadurch weniger effektiv sein.

Jetzt sind in vielen Aufgabenfeldern nicht alle Teilschritte sauber voneinander zu trennen, aber eine grundsätzliche Aufteilung ist notwendig. Und wenn vieles davon im Team und untereinander geklärt wird, sind eindeutig definierte Rollen erforderlich. Wer trägt für welchen Bereich die Verantwortung für die Koordination? Wer liefert bis wann welches Teilergebnis? Hier geht es nicht um Druck, sondern um Verantwortlichkeit. Wenn also von außen oder oben keine Zuordnung gegeben werden kann, dann sind interne Strukturen

notwendig, die dies ermöglichen. Nur so entsteht ein Arbeitsumfeld, in dem die Beteiligten wissen, was in den eigenen Bereich fällt. So wird Sicherheit vermittelt.
Fragen, die in diesem Kontext nützlich sind, lauten:

- Wenn Du Deine Arbeit betrachtest, bei welchen Aufgaben bist Du unsicher, ob das eigentlich wirklich Deine Aufgabe ist?

- Gibt es Unstimmigkeiten zwischen Dir und Kolleginnen, wer für bestimmte Dinge verantwortlich ist?

- Bei welchen Aufgaben hättest Du gern mehr Klarheit über die Zuständigkeit?

- Gibt es Aufgaben, die Du nur deshalb übernimmst, weil sich niemand dafür zuständig fühlt?

Und damit sind wir beim letzten der vier Felder. Hier geht es um das **Dürfen**, also um Kompetenzen. Um Weisungen geben zu können, muss klar geregelt sein, ob die Person auch die Befugnis dazu hat. Auch die Freiheit in allen Bereichen, die mit Geld zu tun haben, gehört klar geregelt. Bis zu welcher Höhe darf die Person selbst frei entscheiden und unterschreiben, für welche Summe braucht es eine weitere Zustimmung? Wann überschreitet der Mitarbeitende seine Kompetenzen und trifft Entscheidungen, die nicht in seinen Zuständigkeitsbereich fallen? Ihnen fallen sicher eigene konkrete Situationen ein, für die Sie sich eindeutige Regelungen wünschen. Die Frage ist immer, sind die Zuständigkeiten und die Grenzen auch klar kommuniziert? Oder handelt es sich eher um einen Bereich, bei dem alle Beteiligten davon ausgehen, dass es bisher auf eine bestimmte Weise funktioniert habe und dadurch eine inoffizielle Regelung entstanden sei? Dies zeigt sich z. B. an Aussagen wie »Das hat Deine Vorgängerin schon immer gemacht, das ist ab jetzt Deine Aufgabe«. Es gilt zu definieren, was eine persönliche Sicht ist und wo es klar umrissene Zuständigkeiten gibt. Ich höre in der Praxis oft Sätze wie »Na, das ist doch klar«, obwohl eigentlich nichts geklärt ist. Aufgabenbereiche und Entscheidungskompetenzen sind meist sehr locker gefasst und an welchen Stellen Grenzen liegen, ist Interpretationssache.

Wenn die Aspekte des Bereiches »Dürfen« genau geregelt sind, entsteht bei allen viel mehr Freiheit, denn es geht dabei immer auch darum, sich nicht bei allem rückversichern zu müssen. Dadurch wird das eigene Feld des Agierens klar definiert und Menschen wissen: Hier ist mein persönlicher Frei- und Gestaltungsraum. Gleichzeitig wird der eigene Tätigkeitsbereich auch eingegrenzt, was für Klarheit und Entspannung sorgt. Deshalb darf auch dieses Feld auf keinen Fall vernachlässigt werden. Fragen, die diesen Bereich betreffen, sind analog zu den oben genannten Stichpunkten:

- Gibt es Aufgaben, bei denen Du das Gefühl hast, Deine Kollegin würde in Deinem Zuständigkeitsbereich agieren?
- Wobei bist Du unsicher, ob Du das tun darfst?

- Ist für Dich klar, welche Weisungsbefugnisse Du besitzt, oder gibt es da Unsicherheiten?

- Haben wir klar fixiert, bis zu welcher Höhe Du Ausgaben ohne Rücksprache mit mir als Führungskraft freigeben und welches monatliche Budget Du nach eigenem Bedarf verwalten darfst?

Nun sagen Sie sich eventuell: »Jetzt habe ich noch mehr Fragen, die ich meinen Mitarbeitenden stellen soll. Als hätte ich nicht schon genug davon! Was soll das Ganze?« Zum einen sind all diese Fragen nur als Inspiration gedacht. Ich mag es nicht, anderen Fragen vorzuformulieren. Sie dienen somit nur als Idee für eigene Fragen und weisen in die Richtung des Aspektes. Zum anderen gilt es, im nächsten Schritt zu überprüfen, ob die Felder kongruent sind oder ob Handlungsbedarf besteht. Angenommen, die Mitarbeiterin hat Stärken, die sie im Moment noch nicht einsetzen kann. Gibt es eine Möglichkeit, den Bereich der Kompetenz zu erweitern? Ein anderer Fall ist gegeben, wenn sich ein Mitarbeiter mit einer Aufgabe extrem schwertut. Kann eine Schulungsmaßnahme ihm helfen, gibt es Menschen, die ihn unterstützen können, oder geht es dabei um einen Wertekonflikt, der geklärt gehört? Solche Schlussfolgerungen lassen sich wunderbar aus dem Bearbeiten des Verantwortungsdialoges ableiten. Die Matrix dient also nicht nur zur Orientierung, sondern gleichzeitig auch zur Handlungsanleitung für die nächsten Schritte. Dafür ist Ehrlichkeit und Klarheit erforderlich, was wiederum für ein besseres Verständnis untereinander und damit für Sicherheit sorgt. Ich kann Ihnen die Struktur nur ans Herz legen, sie lässt sich sehr einfach merken, deckt trotzdem die wesentlichen Aspekte ab und ist extrem hilfreich.

Wenn Sie Interesse daran haben, von Ihren Mitarbeitenden zu erfahren, wie sicher sie sich in ihrem Arbeitsumfeld fühlen, habe ich hierfür ein Dokument im Download-Bereich hinterlegt. Es ist ein Fragebogen zur psychologischen Sicherheit[49], den Sie den Mitarbeitenden geben können. Darin bewerten diese ihr Gefühl von Sicherheit im Arbeitskontext selbst. Das ist auch eine gute Inspiration, um über das Thema mit Einzelnen oder dem gesamten Team zu sprechen.

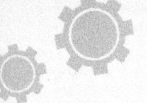

ZUSAMMENFASSUNG

- Nur Menschen, die sich sicher fühlen, werden auch Schwächen und Fehler zugeben.

- Wir können nur das verändern, was wir erkennen, deshalb gehören Schwierigkeiten klar offengelegt und kommuniziert.

- Psychologische Sicherheit erzeugt einen Rahmen, in dem die Einzelnen sich sicher genug fühlen, sich mit ihrer Sicht, ihrer Meinung und Erfahrung zu zeigen.

- Der Verantwortungsdialog besteht aus vier Feldern: Wollen, Können, Sollen und Dürfen.

- Passen die Antworten in den einzelnen Feldern der Matrix nicht zusammen, besteht Handlungsbedarf.

DAS POSITIVE BEWUSST MACHEN UND AUFBLÜHEN LASSEN

Es ist ja schon einige Male angeklungen: Wir sind automatisch sehr schnell darin, Fehler zu sehen und zu werten. Auch Schwächen erkennen wir sowohl bei uns als auch bei anderen in Windeseile. Um die persönlichen Stärken zu erkennen und auszusprechen, ist ein bewusster Vorgang nötig. Wir müssen diesen erst viele Male durchlaufen, bis er nach und nach ein Teil von uns und unserem Verhalten werden kann. Machen Sie sich hierzu erneut bewusst, wie oft Sie bereits in der Schule auf Schwächen und Fehler programmiert worden sind. Das lässt sich nicht mit ein bisschen Nachdenken und Bewusstmachen überschreiben. Aber es ist ein absolut lohnenswerter Prozess, denn wir alle arbeiten besser in einem Umfeld, in dem wir unsere Stärken einsetzen können und diese auch positiv beachtet werden.

Der Psychologe Martin Seligman prägte das in der Arbeitswelt mittlerweile vielerorts bekannte Akronym PERMA[50]. Hinter den einzelnen Buchstaben verbergen sich Faktoren, die zu einem Wohlgefühl im Arbeitszusammenhang führen. Und es ging Seligman dabei nicht um Pizza und Tischkicker, obwohl die je nach Organisation natürlich ebenfalls ihren Platz haben.

Das P steht für **positive Gefühle**. Wenn ich mich wohlfühle, mich freue oder lache, dann kann ich auch besser arbeiten. Unter Druck und Stress funktionieren wir, wie im ersten Kapitel beschrieben, uninspiriert und unkreativ. Deshalb ist auch in Arbeitszusammenhängen erwünscht, dass man miteinander lacht. Das baut Stress ab und hilft, frühere belastende Faktoren zu verarbeiten.

Bestimmt erinnern Sie sich selbst an Situationen, in denen Ihnen die Arbeit leicht von der Hand ging, Sie sich von einem freudigen Kitzel angetrieben fühlten und am Ende das Gefühl hatten, etwas Großartiges geleistet zu haben. Denken Sie an so einen Moment und spüren Sie diese Freude, diese positive Emotion. Ohne sie wären Sie nicht so lange am Ball geblieben, hätten eventuell aufgegeben oder vor Langeweile zwischendurch etwas anderes getan. Ich habe ja versprochen, hier keine wissenschaftlichen Studien zu zitieren, sondern lieber Tipps zur Umsetzung zu geben, deshalb untermauere ich solche Erfahrungen auch nicht weiter.

Positive Momente sind deutlich flüchtiger als belastende, deshalb ist es notwendig, sie bewusst in die Sichtbarkeit und Präsenz zu holen. Der einfachste Weg dafür ist es, danach zu fragen. What went well (WWW)? Egal ob in Einzelgesprächen oder Teamsitzungen, fragen Sie erst einmal nach den Dingen, die gut gelaufen sind. Haken Sie gern nach, ob es Kunden gab, die eine positive Rückmeldung gegeben haben, oder ob die Zusammenarbeit zwischen Abteilungen angenehm lief. Dies gilt natürlich auch, wenn Meilensteine oder Ziele erreicht worden sind. Es gibt so viele Momente, in denen alles reibungslos und entspannt läuft. Und genau deshalb, weil die Reibung fehlt, werden wir uns dieser Momente oft nicht bewusst. Also sprechen Sie diese spezifisch an. Fragen Sie ganz konkret nach einzelnen Aspekten. Sie werden merken, anfangs fallen den Befragten nur wenige Dinge ein, aber nach und nach werden es mehr. Und damit kommen diese auch stärker ins Bewusstsein. Das wiederum führt dazu, dass die Arbeit insgesamt als angenehmer empfunden wird.

Noch schwerer fällt es den meisten Menschen, über ihre eigenen Erfolge zu sprechen. Eine typische Frage, die ich bei Seminaren zu Beginn stelle, lautet: »Bitte stellen Sie sich kurz mit Ihrem Namen vor, wo Sie arbeiten und worauf Sie stolz sind!« Anfangs gab es keine weitere Erläuterung von mir dazu, was allerdings dazu führte, dass ca. 80 Prozent der Teilnehmenden zum letzten Aspekt ihre Kinder benannten. Dann musste ich nachhaken, was sie selbst dazu beigetragen haben, dass sie heute stolz auf die Kinder sind. Deshalb gibt es diese Ergänzung mittlerweile schon gleich zu Beginn, bevor die erste Person anfängt, sich vorzustellen.

Nach wie vor wirken Sprüche wie »Eigenlob stinkt« stark in uns. Gerade in Deutschland, anders z. B. als in den Vereinigten Staaten, vermeiden wir es, stolz auf uns und unsere Leistung zu sein. Damit einher geht übrigens der Gedanke von »Nicht geschimpft ist genug gelobt.« In meinen Augen ist dies eine unsinnige Ansicht. Statt uns selbst zu motivieren und bewusst zu machen, wozu wir in der Lage sind, reden wir das Erreichte klein oder schieben es in den Hintergrund. Kein Wunder, dass manche meinen, das Leben sei nur Müh und Plag. Was passiert denn mit Ihnen, wenn Sie sich vor Augen führen, was Sie geleistet haben? Sei es in einem konkreten Bereich oder ganz generell. Sie fühlen sich größer, Sie spüren Energie und Weite in der Brust. Sie fühlen sich motiviert für anstehende Aufgaben. Das verschenken wir, wenn wir uns versagen, stolz auf die eigene Leistung oder Anstrengung zu sein.

Sportliche Erfolge ohne Freude und ohne Stolz sind überhaupt nicht denkbar. Da können wir sogar stolz auf eine deutsche Mannschaft sein, ganz ohne aktive Beteiligung, nur beim Zuschauen. Nutzen Sie doch in Zukunft genau diese Energie für sich und Ihr Team. Gehen Sie mit gutem Beispiel voran und berichten Sie, was Ihnen gut gelungen ist. Streichen Sie die Erfolge des Teams heraus. Etablieren Sie nach und nach eine Kultur, in der es normal wird, den eigenen Erfolg sichtbar zu machen und mit anderen zu teilen, ganz ohne Überheblichkeit oder Wettbewerb, einfach aus einem Gedanken der Freude. Ich verspreche Ihnen, Ihre Abteilung oder Ihr Unternehmen werden erfolgreicher, anziehender für passende Mitarbeitende und gesünder. Auch wenn es sich anfangs mit

Sicherheit seltsam anfühlen wird, sich selbst vor anderen zu loben, das ist es wert!

Denn in der Folge werden die Mitarbeitenden generell stärker auf positive Aspekte in Ihrem Arbeitskontext achten. Damit wird auch die Entwicklung des Einzelnen und des gesamten Teams gefördert. Die gute Stimmung schafft ein Gefühl der Sicherheit und Vertrautheit. Dadurch wird es auch wieder leichter, Ideen zu entwickeln und zu äußern sowie zu experimentieren. Und genau damit laden Sie die Zukunft ein, laufen ihr nicht permanent hinterher, sondern erkennen frühzeitig Chancen. Und somit können Sie als Team besser performen.

Jeder Mensch ist ausgestattet mit ganz persönlichen Attributen und Eigenschaften. Auch wenn wir gern nach Gemeinsamkeiten suchen, dürfen wir uns bewusst machen, dass kein Mensch einem anderen genau gleicht. Allerdings sehen wir gern die verbindenden Eigenschaften als positiv und die unterscheidenden als störend oder zumindest irritierend. Dabei ist es egal, ob es um körperliche Merkmale geht oder gleiche Vorlieben, um Sport oder Musik oder um Charaktereigenarten wie Ordnungsliebe oder Genauigkeit. Wir sehen Stärken bei anderen, die unseren eigenen entsprechen, schneller und werten sie positiver als ergänzende Eigenschaften. Als Führungskraft denken wir, wir täten den anderen einen Gefallen, wenn wir sie darauf aufmerksam machen, dass sie etwas genauso machen sollten, wie wir es selbst tun würden. Aber dabei übersieht man, dass jeder Mensch seinen persönlichen Stil hat, der zu ihm passt. Es gibt nicht nur einen Weg. Und jeder sollte mit seinen ausgeprägten Stärken Aufgaben angehen dürfen.

Stellen Sie sich vor, Sie könnten besonders gut mit Säge und Hammer umgehen, jemand anderes aber mit Schere und Stiften. Dann würden Sie beide die Aufgabe, einen Schwan zu bauen, ganz unterschiedlich anpacken. Bei Ihnen würde am Ende vielleicht ein Schwan aus dünnem Sperrholz entstehen, bei der anderen Person einer aus Papier. Die Aufgabe war die gleiche, das Ergebnis aber ein anderes und der Weg sowieso. Aber beide konnten Sie Ihre besonderen Qualitäten nutzen und mussten nicht etwas tun, was Ihnen schwerfiel.

Das Gleiche gilt auch für Charakterstärken. Wir haben alle unsere ganz individuellen Qualitäten. Die eine Person ist die geborene Führungskraft, weil sie sich durch Führungsstärke und Weisheit auszeichnet. Die andere Person ist ein idealer Analyst, weil sie Genauigkeit und Ausdauer prägen. Aber wie sehen und bezeichnen wir die Person? Die erste vielleicht als Alphatier, die andere als Pedant. Die Aufgabe von Führungskräften ist es, persönliche Stärken herauszustellen, die Person dementsprechend einzusetzen und bei Bedarf darüber zu kommunizieren, wie schlummernde Stärken bei der Person geweckt werden könnten.

Was andere bei uns an Stärken erkennen, sind oft Attribute, die wir selbst gar nicht als solche sehen. Um sich bewusst zu werden, warum dies so ist, hilft es, sich den Unterschied zwischen Talent, Fähigkeit oder Skill und Charakterstärke bewusst zu machen[51].

Als **Talent** bezeichnet man eine Fähigkeit, die schon angeboren ist. Das sind Dinge, die dem einen mühelos vorkommen und die ein anderer lange üben muss. Das kann so etwas sein wie Körpergefühl und Balance, weswegen es einigen Kindern sehr leicht fällt, auf Bäume zu klettern, während andere dabei regelmäßig scheitern. Auch die Gabe der Musikalität, ein Gefühl für Harmonie und Spannung, zählt dazu, weswegen einige Menschen scheinbar jedes Instrument erlernen könnten, während andere ihre Musiklehrer zur Verzweiflung bringen. Wir alle bringen unterschiedliche Talente mit und suchen uns  dementsprechend Betätigungsfelder aus, in denen wir diese nutzen können. Während die erste Person sich gern in Umfelder begibt, in denen sie klettern kann, wird die zweite eher in Musikschulen zu finden sein. Talente haben immer etwas mit einem angeborenen Spektrum an Fähigkeiten zu tun, die nicht erst erlernt wurden. Deshalb ist diesen Personen ihr besonderes Talent oft nicht bewusst und sie sind irritiert, wenn sie dafür bewundert oder gelobt werden. Schließlich mussten sie sich dafür nicht anstrengen und verstehen oft das Lob für ihr Talent gar nicht. Für sie selbst ist es normal und nicht herausragend. Wenn Sie einen Leoparden in freier Wildbahn beobachten, werden Sie begeistert sein von seiner Schnelligkeit, Eleganz und Sprungkraft. Dem Leoparden selbst ist dies nicht bewusst, es ist seine Art, so zu sein. Er kann gar nicht anders, weswegen er irritiert wäre, wenn Sie ihm Ihre Bewunderung ausdrücken würden.

Im Gegensatz dazu sind **Fähigkeiten** oder **Skills** etwas, das man sich erarbeitet hat. Wer z. B., wie ich, kein angeborenes Talent für Zeichnen hat, als Trainer aber Flipcharts ansprechend entwerfen möchte, muss üben. Ich habe einen Workshop besucht, Bücher zur Flipchartgestaltung gekauft und vor allem trainiert. Ich übe regelmäßig und entwickle mich langsam weiter. Das ist etwas, für das ich mich anstrenge und Zeit sowie Energie investiere. Wenn ich dafür gelobt werde oder mir selbst anerkennend auf die Schulter klopfe, habe ich das Gefühl, das sei angemessen. Hier sehe ich mein Engagement beachtet und wertgeschätzt. Skills sind demnach Stärken, die man durch Anstrengung erworben oder ausgebaut hat, sich des Aufwands bewusst und enttäuscht ist, wenn dieser nicht gesehen und gelobt wird. Das, was beim einen als Talent vorhanden ist, kann beim anderen durch Üben erarbeitet werden. Der eine ist dann eventuell irritiert über Lob, der andere enttäuscht, wenn er keines erhält.

Charakterstärken sind als Ergänzung dazu Stärken, die, wie der Name schon sagt, in Charakterzügen stecken. Das kann etwas wie Führungsstärke oder auch Teamfähigkeit sein sowie Humor, Ausdauer oder Weisheit. Es sind Eigenschaften, die uns als Mensch auszeichnen und unser Leben prägen. Der Psychologe Ryan M. Niemiec beschreibt Charakterstärken als positive Eigenschaften, die den Kern unseres Seins, unserer Identität, unseres Tuns und Verhaltens bilden[52]. Hier geht es also nicht um Fähigkeiten im Sinne von Verhalten, sondern um Wesenszüge, die unser Handeln bestimmen. Oft stimmen die Charakterstärken sehr stark mit persönlichen Werten überein, z. B. bei Menschen, die einen ausgeprägten Gerechtigkeitssinn haben. Es geht auch um Stärken, die im sozialen Miteinander den Umgang untereinander formen. Deshalb sind sie gerade in Teams ein so wesentlicher Bestandteil. Charakterstärken beziehen sich nicht ausschließlich auf den Arbeitskontext, sondern sind genereller Natur. Sie unterscheiden sich von den Stärken, die beim Gallup-Test herausgearbeitet werden. Bei diesen geht es um Talente, nicht um Charakterstärken.

Handeln Menschen in Übereinstimmung mit ihren Charakterstärken und können diese somit ausleben, dann sind sie mit Freude bei der Sache. Die Tätigkeit gibt ihnen das Gefühl, ihre Kompetenzen einzusetzen und ihre Zeit sinnvoll zu nutzen. Dadurch entsteht Leichtigkeit im Handeln. Die Aufgaben werden mit mehr Spaß bearbeitet, ohne dadurch an Tiefe oder Genauigkeit zu verlieren. Sie sehen schon, warum es so sinnvoll ist, Mitarbeitende auch in Bezug auf ihre Charakterstärken gut zu kennen. Dadurch können Sie passende Aufgaben wählen und die Rollen im Team auch nach Prägung aufteilen. Die Menschen fühlen sich allein deshalb wertgeschätzt, weil sie in Übereinstimmung mit ihrem inneren Kern agieren, weil sie sich bei Aufgaben nicht überwinden müssen, sondern intrinsisch angezogen werden.

Ein Weg, um die eigenen Charakterstärken herauszufinden, führt über den VIA-Stärkentest[53], der in verschiedenen Sprachen zur Verfügung steht. Er ist kostenfrei und wird vom VIA Institute on Character zur Verfügung gestellt. Das ist eine Non-Profit-Organisation, die von namhaften Wissenschaftlern gegründet und unterstützt wird. Man muss nur seine E-Mail-Adresse eingeben, es ist auch möglich, einen

Nickname anzugeben. Die Auswertung des Tests wird im Anschluss an die E-Mail-Adresse gesendet, man erhält jedoch keine nicht angeforderten Newsletter im Nachgang.

Ein anderer Weg ist das Beobachten und Nachfragen. Ich habe Ihnen die 24 Charakterstärken als PDF in den Download-Ressourcen hinterlegt, mit ganz knappen Aspekten, die die jeweilige Charakterstärke auszeichnen. Diese zwei DIN-A4-Seiten können Sie ausdrucken, ausschneiden und als Grundlage nehmen, um sich und andere einzuschätzen. Über die Einschätzung kommen Sie nicht nur in das Gespräch mit Mitarbeitenden, Sie werden auch feststellen, dass Sie Menschen anders beobachten. Sie suchen automatisiert nach Anzeichen für Stärken und damit schauen Sie auf die Aspekte, die Menschen positiv auszeichnen. Dadurch bauen Sie wieder Wertschätzung und Vertrauen aus. Ich kann Ihnen nur ans Herz legen, das Gespräch über Stärken zu suchen, es ist immer wieder erstaunlich, wie viel dadurch passiert. Die Menschen fühlen sich gesehen, kommen selbst stärker in Kontakt mit sich und oft ergeben sich daraus Gespräche, die verdeutlichen, welche verborgenen Fähigkeiten noch in anderen schlummern, die nur darauf warten, aktiviert zu werden.

Auch wenn Sie sich nicht an den 24 Charakterstärken orientieren wollen, nutzen Sie Stärken, sie leisten einen ganz wesentlichen Beitrag zur Gesundheit und Erfüllung. Auch in Feedback-Gesprächen und bei Lob können Sie dadurch viel dezidierter sein. Das verhilft zu Klarheit und damit Effizienz. Ich garantiere Ihnen, Sie können dabei nur gewinnen.

Auch über Ihre eigenen Stärken sollten Sie sich Klarheit verschaffen. Kommunizieren Sie Ihre Charakterstärken. Sind Sie z. B. ein Mensch, bei dem Kreativität und Enthusiasmus ausgeprägte Eigenschaften sind, dann teilen Sie das Ihren Mitarbeitenden mit. Sagen Sie, dass Sie wissen, dass Sie dadurch manchmal wirken, als wollten Sie ständig etwas anderes. Und unterstützen Sie andere, Ihre Stärken wie Genauigkeit und Ausdauer ebenfalls einzusetzen, damit Ihre Ideen umgesetzt werden und Ihr Enthusiasmus nicht verpufft. Wenn Sie Ehrlichkeit ganz weit oben auf Ihrer Liste stehen haben, dann werden Sie manchmal unverblümt Ihre Meinung äußern. Lassen Sie die Mitarbeitenden wissen, dass es Ihre Stärke ist, zu sich und anderen ehrlich zu sein. Durch das Einsetzen dieser Stärke wollen Sie aber niemanden bewusst verletzen, sondern es entspricht Ihnen, weil Sie dadurch authentisch in Wort und Tat sind. Achten Sie nur darauf, dass das Kommunizieren der eigenen Charakterstärken nicht als Entschuldigung dient. Es geht darum, sich zu zeigen, nicht darum, sich darauf auszuruhen. Wenn Sie ein gutes Verhältnis haben, können Sie auch andere anregen, Ihnen zu sagen, wenn sie sich durch Ihr Verhalten in den eigenen Grenzen gestört fühlen. Dadurch werden Sie menschlicher und zeigen als Vorbild, dass es wichtig ist, sich als Mensch und nicht als Arbeitsmaschine einzubringen. Damit verändern Sie den generellen Umgang untereinander und somit auch die Kultur. Sie ermutigen andere, sich ganz zu zeigen und einzubringen.

ZUSAMMENFASSUNG

- Positive Emotionen sind Energielieferanten im Alltag.

- Stolz und Lob sind zwei Aspekte, die im Arbeitsalltag noch zu kurz kommen.

- Es motiviert, die Einzigartigkeit herauszustreichen und die Stärken zu benennen.

- Man kann zwischen Talent, Fähigkeit und Charakterstärke unterscheiden.

- Charakterstärken werden auch als gelebte Werte oder Werte in Aktion (VIA = values in action) bezeichnet.

- Kommunizieren Sie Ihre Stärken und die Ihrer Mitarbeitenden, es eröffnet viele bisher ungenutzte Chancen.

WIRKSAM SEIN

Stellen Sie sich folgende Szene vor: Sie sitzen auf der Reservebank und müssen dem Verlauf eines Spiels folgen. Nicht nur, dass Sie durch den Blick von außen momentan viel mehr Chancen entdecken, das Spiel zu gewinnen, Sie hätten auch die Fähigkeiten, die entscheidenden Punkte für Ihre Mannschaft zu erkämpfen, wenn Sie mitspielen dürften. Aber Sie sitzen auf der Bank und dürfen nicht einmal anfeuern, weil das Sache des Trainers ist. Was passiert mit Ihnen? Vermutlich staut sich Groll und Unverständnis in Ihnen auf. Sie wollen Ihrem Ärger Luft machen und könnten Wände eintreten.

Genauso kann es auch am Arbeitsplatz sein. Mitarbeitende haben das Gefühl, nicht wirksam eingesetzt zu werden und unbeliebte Arbeiten erledigen zu müssen, statt das machen zu können, wofür sie prädestiniert sind. Ihr Engagement wird freundlich zur Kenntnis genommen, aber sie werden trotzdem nicht anders eingesetzt. Frustration macht sich breit, wandelt sich zu Ärger und Wut, verschafft sich Luft über Lästern, kleine Sabotageakte und Verweigerungshaltung. Denn wir Menschen wollen gern wirksam sein.

Dafür steht das E von **Engagement** im Akronym PERMA. Es symbolisiert den Wunsch, durch unser Handeln etwas zu bewirken. Schon kleine Kinder verspüren dieses Bedürfnis, egal ob es um das Aufbauen eines Turms aus Bauklötzen oder das Umwerfen geht. Das eigene Handeln soll eine

Wirkung zeigen. Wenn dieses Grundbedürfnis nicht befriedigt ist, dann geht es dem Menschen schlecht. Schon in der griechischen Mythologie gibt es dieses Bild von Sisyphos. Als Strafe für sein früheres Verhalten muss er einen Felsblock auf den Gipfel rollen. Doch in dem Moment, wo er endlich oben ist, rollt der Stein wieder herunter und Sisyphos beginnt von Neuem. Sein Handeln führt nie zum Erfolg. Das ist die Strafe für ihn und diese ist extrem hart.

Deshalb ist es so wichtig, den Mitarbeitenden Aufgaben zu geben, die ihnen entsprechen. Da kommen natürlich jetzt auch wieder die Stärken aus dem vorigen Kapitel zu tragen, aber es gibt auch noch weitere Aspekte. Da Menschen gern ihren Handlungsrahmen erweitern wollen, gilt es, diesen stetig und behutsam zu beeinflussen. Dabei ist es wichtig, die Schritte weder zu klein zu wählen, sonst entsteht Langeweile, noch zu weit, sonst entsteht Angst. Das simple Bild der Komfortzone verdeutlicht das sehr gut. Sie liegt in der Mitte. Dort fühlen wir uns wohl, verbrauchen relativ wenig Energie für die Aufgaben und gestalten unseren Alltag ohne Herausforderungen. Aber damit wir uns entwickeln können, gilt es, diese Komfortzone zu verlassen und eventuell sogar

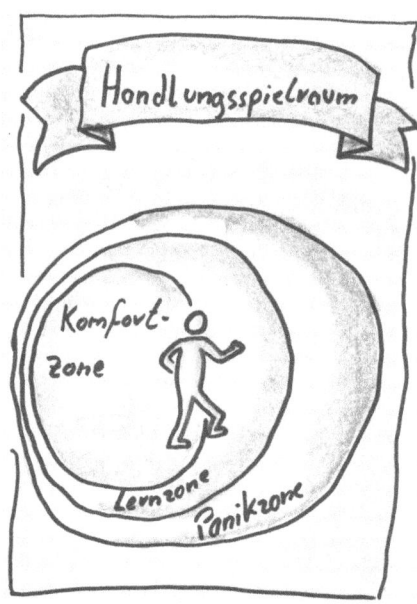

dauerhaft zu erweitern. Neues erlernen wir nur außerhalb unserer Komfortzone. Deshalb heißt der Bereich, der sich anschließt, auch Lernzone. Dort findet unsere Entwicklung statt und wir erleben unsere Wirksamkeit. Verlassen wir die Komfortzone allerdings noch weiter oder sind zusätzlichem Druck ausgesetzt, geraten wir schnell in die Panik- oder Angstzone. Wie der Name schon sagt, weicht unser Lernen hier dem Gefühl der Überforderung. Bei allen neuen Aufgaben und Tätigkeiten gilt es auszuloten, wie breit der Korridor der Lernzone ist. Denn nur innerhalb dessen fühlen wir uns wohl und können uns entfalten.

Jeder Mensch kann am besten selbst einschätzen, wo er sich innerhalb der Lernzone befindet. Dies ist je nach Ressourcen von der Tagesform und -zeit abhängig. Sie können aber unterstützend zur Seite stehen, Druck reduzieren und Teilschritte anbieten. Dafür ist der Verantwortungsdialog ein gutes Tool. Doch es braucht noch eine wichtige Komponente, damit Menschen sich tatsächlich auf den Weg machen: ein lohnenswertes, emotionales Ziel. Wenn wir wissen, warum wir uns entwickeln wollen, wird die Handbremse gelöst, die uns auf der Stelle halten möchte. Nur wenn ich weiß, warum ich etwas will, werde ich auch auftauchende Hindernisse bewältigen. Ansonsten bleibe ich davor stehen und argumentiere mit mir oder anderen aus der Position der Überforderung. Da können dann Sätze im Kopf auftauchen wie »Ich habe es ja versucht, aber es soll nicht sein« oder »Ich habe mich echt bemüht, aber da ist nichts zu machen«. Von Friedrich Nietzsche soll das Zitat stammen: »Wer ein Warum hat, dem ist kein Wie zu schwer.« Wir brauchen ein starkes Warum, und am besten eines, das uns nicht nur vom Verstand her überzeugt, sondern auch vom Herzen. Doch auf den Aspekt komme ich später noch zu sprechen.

Gerade in komplexen Strukturen ist es oft nicht so klar für die Mitarbeitenden zu sehen, welchen Beitrag ihr Tun hat, was sie bewirken. Deshalb sollten Sie als Führungskraft genau diese Aspekte in Meetings bewusst machen. Benennen Sie die Fortschritte der Einzelnen und auch des Teams, damit alle Beteiligten sich als wirksam erleben können. Dadurch vermeiden Sie Frustration und fördern das Engagement.

Damit kommen wir zu einem anderen Aspekt, der ebenfalls in diesen Bereich hineinspielt. Es geht um das Verstehen. Von dem Medizinsoziologen Aaron Antonovsky stammt das Modell der **Salutogenese**[54]. Er untersuchte in den 1970er-Jahren unter anderem Studien von Frauen, die während des Zweiten Weltkriegs in Konzentrationslagern gefangen waren. Bei einem Drittel der Frauen waren trotz der Entbehrungen und psychischen Belastungen keine höheren Erkrankungen als bei Vergleichsgruppen ohne diese Belastungen zu finden. Das verblüffte Antonovsky, hatte

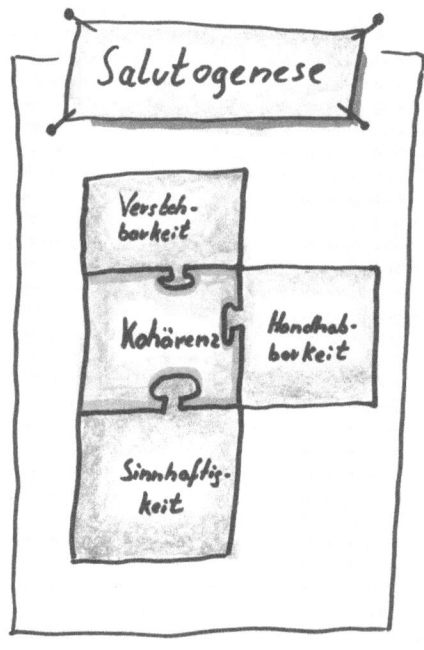

er doch vermutet, dass sich die harten Entbehrungen bei allen auf die Gesundheit auswirken würden. Woran lag es, dass dies bei dem einen Drittel nicht der Fall war? Bei seinen Studien kam er auf drei Bereiche, die sich unterstützend auf die Gesundheit auswirken: Verstehbarkeit, Handhabbarkeit und Sinnhaftigkeit. Befinden sich diese Bereiche in einer guten Stimmigkeit oder Kohärenz, können Menschen mit Belastungen gut umgehen und verarbeiten so die widrigen Umstände deutlich besser.

Verstehbarkeit und Handhabbarkeit sind Aspekte, die eng verknüpft sind mit dem Engagement. Um mich als wirksam zu erleben, muss ich die Umwelt verstehen können. Ich muss in der Lage sein, ein Ursache-Wirkungs-Prinzip abzuleiten, damit ich meine Handlungen zielgerichtet einsetze. Verstehe ich mein Umfeld und auch, wie sich mein Handeln auf meine Umgebung auswirkt, kann ich wirksam werden. Auch deshalb ist es so wichtig, dass gerade Sie als Führungskraft für die Mitarbeitenden einschätzbar sind. Ansonsten fehlt nämlich dieser wichtige Aspekt, da die Mitarbeitenden keine Orientierung haben und nicht wissen, was Ihnen wichtig ist und somit auch, wie sich deren Engagement auswirkt.

Sie entschuldigen hoffentlich, dass ich mehrere unterschiedliche Ansätze hier zusammenstelle. Aber ich fand es faszinierend, als ich im Laufe meiner langjährigen Beschäftigung mit den Themen merkte, wie sich all die Konzepte an wesentlichen Punkten überschneiden. Die Puzzleteile, die ich auf meiner Wissens- und Erfahrungsreise einsammelte, fügen sich gut zusammen. Es gibt für mich nicht das eine richtige Konzept, sondern alle richtigen Konzepte lassen sich mit anderen verzahnen. So wurde das Bild immer umfassender, aber auch runder. Ich finde es beruhigend, wenn Menschen, die sich nie gesehen haben, zu unterschiedlichen Zeiten lebten und auch aus anderen Blickrichtungen auf eine Sache schauten, zu Ergebnissen kommen, die zusammenpassen. Deshalb folgt zwischendurch der ein oder andere Exkurs, wie hier zur Salutogenese.

Lassen Sie mich kurz die Teile hier zusammenfügen: Menschen wollen sich selbst als wirksam erfahren, dann engagieren sie sich auch. Dafür müssen sie verstehen, wie die einzelnen Tätigkeiten oder Abteilungen zusammenwirken. Ein Bewusstsein hierfür zu erzeugen, ist auch Aufgabe der Führungskraft. Wenn die Menschen jetzt noch das Gefühl haben, Herausforderungen bewältigen zu können, also innerhalb der Lernzone zu agieren, dann passen die Teile perfekt zusammen.

Was können Sie dafür tun? Das Wichtigste ist, dass Sie für Klarheit und Transparenz sorgen. Klären Sie, ob die Arbeit für die Mitarbeitenden verständlich und nachvollziehbar ist. Klären Sie mit den Mitarbeitenden, ob ihre Aufgaben deren Fähigkeiten entsprechen bzw. ob sie Lust haben, an neuen Herausforderungen zu wachsen. Ist den Mitarbeitenden, gerade in Veränderungsprozessen, bewusst, warum sie im Moment ihre Arbeit tun? Seien Sie ansprechbar für Fragen. Leihen Sie Ihren Mitarbeitenden ihr Ohr, selbst dann, wenn diese nur ihrem Frust etwas Luft verschaffen wollen. Danach können sie wieder klarer sehen.

Damit Menschen sich als wirksam erleben, müssen Sie selbst bestimmen können. Deshalb ist es auch in diesem

Zusammenhang wichtig, dass Sie den Raum dafür öffnen. Bestimmen Sie die Ziele, klären Sie diese mit den Mitarbeitenden und überlassen Sie ihnen den Weg. Lassen Sie los und schenken Sie Vertrauen, dann können die Mitarbeitenden selbst bestimmen und sich im Tun als selbstwirksam erleben. Damit steigt die Zufriedenheit, das Engagement und die Gesundheit werden gefördert.

Um Neues auszuprobieren, benötigen wir einen Ort, an dem wir uns nicht nur sicher, sondern auch unkontrolliert fühlen. Deshalb ist auch im Arbeitskontext Privatsphäre wichtig. Niemand schätzt es, wenn im Vorbeigehen jeder auf den Bildschirm schauen kann, wenn die eigene Arbeit von anderen ungefragt in Augenschein genommen wird. Allein durch das Setting und das Respektieren von geschlossenen Türen kann man viel dafür tun, dass eine gute Atmosphäre entsteht. Natürlich können Sie dann nicht kontrollieren, ob die Menschen nicht gerade online shoppen, statt an der Auswertung der zugesendeten Tabelle zu arbeiten. Aber dafür gibt es bessere Wege als den Blick auf den Bildschirm. Besprechen Sie die Vorgaben und halten Sie diese nach, aber vermitteln Sie das Gefühl der Freiheit. Untersuchungen ergeben immer wieder, dass Menschen sich dadurch deutlich besser fühlen, was wiederum zu höherer Produktivität und Kreativität führt, was schließlich dem Unternehmen zugutekommt[55].

Fördern Sie auch das Zusammenspiel des Teams. Statt den Wettbewerb und damit den Druck untereinander sollten Sie die gemeinsame Leistung belohnen. Schaffen Sie gute Bedingungen, loben Sie die gegenseitige Unterstützung und das Einfordern von Hilfe. Es erfordert Mut zuzugeben, dass man gerade etwas nicht allein schafft. Vertreten Sie diese Position auch nach außen und lassen Sie Teams sich selbst organisieren. Im Regelfall führt das zwar anfangs zu Reibungsverlust und Schwierigkeiten, langfristig aber zu deutlich produktiveren Teams. Je mehr Sie den Rahmen halten und Rückendeckung geben, umso wirksamer können sich die einzelnen Personen zeigen und erfahren.

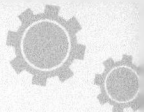

ZUSAMMENFASSUNG

- Menschen engagieren sich stärker, wenn sie ihr Handeln als wirksam erleben.

- Neue Anforderungen sollten individuell so abgestimmt und begleitet sein, dass sie innerhalb der Lernzone liegen.

- Verstehen wir, warum wir etwas tun (sollen), schrumpfen die Hindernisse.

- Befinden sich die drei Aspekte Verstehbarkeit, Handhabbarkeit und Sinnhaftigkeit in Kohärenz, wirkt sich das stützend auf die Gesundheit aus.

- Privatsphäre, auch am Arbeitsplatz, fördert die Produktivität.

- Aufgabe der Führungskraft ist es, für gute Rahmenbedingungen zu sorgen und Mitarbeitenden den Rücken zu stärken.

SICHERHEIT DURCH GEMEINSCHAFT

Ein Grundbedürfnis, das alle Menschen auf diesem Planeten teilen, ist das nach Verbindung. Schon als Baby suchen wir Nähe zu einer vertrauten Person. Das gibt uns Sicherheit und stärkt den Mut, die Welt zu entdecken. Bei Erwachsenen ist dieses Grundbedürfnis ebenfalls vorhanden, auch wenn wir nicht sofort anfangen zu schreien, wenn wir allein sind. Auch wenn wir gern für bestimmte Phasen die Einsamkeit suchen, benötigen wir grundsätzlich Verbindungen. Wir sind soziale Wesen und die Gemeinschaft mit anderen hat uns früher das Überleben gesichert. Allein war man dazu kaum fähig. Erst der Stamm oder die Sippe ermöglichten es, den Herausforderungen der Umwelt zu trotzen. Solange alles einfach läuft und Freude bringt, kommen wir gut allein zurecht. Wird es aber schwieriger, suchen wir instinktiv die Nähe zu anderen. Dazu ist es notwendig, Beziehungen aufzubauen und zu pflegen, sonst kann kein Vertrauen entstehen.

Was gehört zum Aufbau von Beziehungen? Zu nennen wäre hier der Austausch von Informationen, vor allem aber von Gefühlen. Auch sich anderen mitzuteilen, wenn einem etwas gut gelungen ist, sich gemeinsam zu freuen oder auch mal Frust loszuwerden sind wichtige Aspekte. Es geht vor allem darum, sich als Mensch zeigen zu können und das Gegenüber zu sehen. Sie erinnern sich an den Eisberg zum Thema Kommunikation? Natürlich geht es auch bei den Beziehungen der Mitarbeitenden untereinander genauso um das, was unter der Wasseroberfläche liegt. Dafür benötigen Sie ausreichend Gelegenheiten.

Die Nähe, die im direkten Kontakt entsteht, ist über digitale Wege nicht erreichbar. Wir können uns austauschen und auch über Gefühle sprechen, aber es ist eine andere Art der Wahrnehmung. Es fehlen die Dreidimensionalität, der Gesamteindruck über alle Sinneskanäle und vor allem der direkte Augenkontakt mit dem Gegenüber. Wir können nur in die Kamera schauen oder auf den Bildschirm, uns jedoch nie direkt in die Augen blicken. Über den Blick vermitteln wir aber sehr viel Informationen. Je nachdem, wohin wir schauen, ob wir dem Blick ausweichen, ob wir unruhig hin- und herschweifen, gibt dies Aufschluss über das Empfinden. Durch den Augenkontakt sind wir auch in der Lage, Emotionen direkt wahrzunehmen. In unserem Ausbildungsmodul zur Rhetorik und Präsentation geben wir den Teilnehmenden folgende Aussage mit auf den Weg: »Die kürzeste Verbindung zwischen zwei Menschen entsteht durch Blickkontakt.«[56]

Deshalb ist es wichtig, dass Mitarbeitende sich gegenseitig in persona sehen und austauschen. Es geht bei uns Menschen nie nur um Fakten, sondern immer auch um Gefühle. Selbst wenn ich nur Zahlen übermittle, sage ich dabei gleichzeitig etwas über meine Haltung zu den Ergebnissen aus, z. B. ob ich Stolz empfinde oder genervt, erschöpft oder freudig erregt bin. Wir transportieren immer mehrere Botschaften in einer Aussage. Das ist auch wichtig, denn wir sind keine Computer oder Arbeitsmaschinen, sondern Menschen. Deshalb steht das R in PERMA für **Relations** = Verbindungen. Auch in der Arbeitswelt sind sie ein entscheidender Faktor für die Gesundheit und den Erfolg.

Kleine Runden, in denen auch über private Dinge gesprochen wird, sind hilfreich für eine gute Beziehung. Deshalb sehen Sie Teeküchentreffen bitte nicht als Zeitverschwendung an, sondern als wichtig und nützlich, natürlich wie alles immer im Rahmen. Dabei kann Stress abgebaut und der Kopf frei gemacht werden. Und die Emotionen haben einen Ort, an dem sie sich zeigen dürfen. Dies alles sind wichtige Kriterien für Gesundheit und Zufriedenheit und damit für eine bessere Arbeitsfähigkeit.

Sollten Sie Mitarbeitende haben, die vorwiegend oder ausschließlich im Homeoffice arbeiten, dann vereinbaren Sie feste Runden, in denen nur über private Dinge gesprochen wird. Dies sind feste digitale Termine für einen zwanglosen Austausch. Dadurch unterstützen Sie die Verbindung zwischen Ihnen und den Mitarbeitenden sowie den Mitarbeitenden untereinander. Das kann ein fester regelmäßiger Termin sein, zu dem alle eingeladen sind, oder Sie vereinbaren dies von Woche zu Woche. Ich bin ein großer Freund von festen Strukturen, weil sie allen helfen, sich darauf einzulassen und den Termin als wichtigen Bestandteil zu akzeptieren. Sollten Sie feststellen, dass ein Mitarbeiter nie dabei ist, sprechen Sie ihn an. Dies sollte ohne Vorwurf, sondern mit Interesse an ihm und seinem Wohlergehen erfolgen. Gerade die Coronazeit hat gezeigt, wie wichtig die Interaktion und der Austausch auch in digitaler Form sind. Stellen Sie sich einmal vor, die Pandemie wäre zwei Jahrzehnte früher ausgebrochen, als es all diese Möglichkeiten der Kommunikation noch nicht gegeben hätte. Dann hätten wir alle noch mehr gelitten.

In meinem vorletzten Jahr im Theater habe ich einen Betriebsausflug organisiert. Bis dahin lief der Ausflug immer nach dem gleichen Schema ab: Die Verwaltung fand sich zusammen, die Technik und die Maske ebenfalls usw. Dies waren kleine Gruppen, die sowieso die meiste Zeit miteinander arbeiteten und sich gut kannten. Das führte nicht dazu, dass Verständnis für andere aufgebaut wurde. Stattdessen nutzte man die Zeit, um über andere Gruppierungen zu reden. Ich habe gerade auch ganz bewusst von »der Verwaltung« und »der Technik« berichtet, weil das ein Phänomen ist, das ich immer wieder beobachte: Man redet über Abteilungen und nicht über Menschen. Das kann nur zu Distanzierung führen.

Beim beschriebenen Betriebsausflug lief das ein bisschen anders. Ich reservierte einen Boule-Platz, auf dem der Nachmittag ausklang. Die Wege dahin konnten zu Fuß, mit dem Fahrrad, dem Auto oder dem Bus zurückgelegt werden. So bildeten sich im Vorfeld unterschiedliche Gruppen, die sich aber nicht nach Abteilungen, sondern nach körperlicher

Fitness und Interesse organisierten. Am Vormittag konnte man selbst entscheiden, ob man lieber mit den Kollegen im Bistro frühstückte oder eine Radtour unternahm. Aber der Abschluss fand gemeinsam statt. Es wurde gegrillt, aber vor allem untereinander gesprochen. Beim Boule-Spiel muss man sich körperlich nicht besonders anstrengen. Gleichzeitig wurde der Ehrgeiz geweckt, und da die Teams bunt zusammengewürfelt waren, entstanden Verbindungen zwischen den Menschen. Wer keine Lust hatte zu spielen, saß trotzdem in der Nähe und beobachtete den Wettkampf, gab Kommentare ab, lachte, feuerte an und war damit Teil der Gruppe. Die Barrieren zwischen den Abteilungen verschwanden und man begegnete sich von Mensch zu Mensch. Allein dieser Betriebsausflug führte zu mehr Verständnis sowohl für die Menschen als auch für die Anforderungen, die der betriebliche Auftrag erforderte.

Wenn Sie verschiedene Abteilungen leiten, ist es immens wichtig, dass die Menschen sich untereinander kennenlernen. Ansonsten entsteht das klassische Gegeneinander, egal, ob es um Außen- und Innendienst, Controlling und Produktion, Verwaltung und Personalabteilung geht. Menschen sehen vor allem sich und die eigenen Erfordernisse. Da jede Abteilung eine andere Kernaufgabe hat, fühlt man sich schnell von den anderen ausgebremst. Deshalb ist es extrem wichtig zu verstehen, was die anderen leisten und dafür benötigen. Erst wenn ich den anderen verstehe, kann Verständnis entstehen. Dafür sind sowohl informelle Gelegenheiten wie ein Teamfest als auch Treffen förderlich, bei denen sich über die

Arbeitsabläufe ausgetauscht wird. Dies sind Teamschulungen oder -treffen mit einem klaren Ziel.

Kommen neue Mitarbeitende in Ihre Abteilung, heißen Sie diese persönlich willkommen. Stellen Sie sie den Kollegen vor. Dadurch zeigen Sie zum einen, dass jeder als Mensch wertvoll ist und dass bei Ihnen das Miteinander zählt. Zum anderen können Sie direkt Fragen beantworten, erfahren aber auch selbst Neues, da neue Mitarbeitende oft Fragen stellen, die Ihnen gar nicht einfallen. Wenn Ihr Unternehmen ein Leitbild oder klar definierte Werte hat, können Sie sie dabei auch anschaulich vermitteln, da solche Beispiele verdeutlichen, wie diese in der Praxis umgesetzt werden. Nehmen Sie sich die Zeit dafür. Sie legen einen Grundstein, der als stabiles Fundament für alles Weitere dient und nicht unterschätzt werden sollte.

Aber auch für Mitarbeitende, die schon lange bei Ihnen arbeiten, können Sie noch etwas tun. Sprechen Sie diejenigen an und fördern Sie sie aktiv. Zeigen Sie Interesse an deren Tätigkeit und fragen Sie nach Entwicklungswünschen. Sollten sich die Personen fachlich nicht weiterentwickeln wollen, möchten sie vielleicht gern ihr Wissen als Mentoren weitergeben. Wichtig ist, dass gerade Mitarbeitende, die kontinuierlich gute Arbeit leisten, nicht aus dem Blickfeld verschwinden. Richten Sie bewusst Ihr Augenmerk auch auf diejenigen, die eine solide Basis für Ihre Abteilung darstellen. Sie zeigen damit allen, dass jede und jeder für Sie wichtig ist und zählt und Ihnen am Wohlergehen aller gelegen ist. Auch beweisen Sie, dass niemand durch Minderleistung oder auffälliges Verhalten mehr Beachtung erhält als diejenigen, die funktionieren.

ZUSAMMENFASSUNG

- Verbindung ist ein Grundbedürfnis aller Menschen.

- Fördern Sie neben dem beruflichen auch den privaten Austausch, wenn Mitarbeitende viel im Homeoffice arbeiten.

- Suchen Sie nach Gelegenheiten, Menschen zu verbinden, die im Alltag nicht zusammenarbeiten.

- Fördern Sie aktiv die Integration neuer Mitarbeitenden.

- Verlieren Sie Mitarbeitende, die solide ihre Aufgaben erledigen, nicht aus dem Auge.

SINN UND SINNLICHKEIT

Keine Sorge, ich habe nicht das Sujet geändert und wir befinden uns auch nicht bei Jane Austen. Es geht immer noch um Führung, Gesundheit und PERMA. Das M steht hier für **Meaning**, d. h. den Sinn, den die Arbeit und das Leben erzeugen. Viel wurde in den letzten Jahren über den sogenannten Purpose gesprochen. Dies wurde so intensiv thematisiert, dass es auch eine Menge kritischer Stimmen dazu gab. Untersuchungen haben jedoch gezeigt, dass viele Menschen, die in einen Burn-out fallen, mangelnde Sinnhaftigkeit ihrer Arbeit beschreiben[57].

Einer der Wegbereiter für das Thema Sinnhaftigkeit in der Arbeit ist Simon Sinek. Er prägte das Bild des goldenen Kreises[58]. Erfolgreiche Unternehmen entwickeln und vermarkten ihre Produkte ausgehend vom Inneren des Kreises, vom »Warum«. Daran schließt sich zunächst das »Wie« und dann erst das »Was« an. Zuerst kommt also die Frage, was man als Unternehmen bewirken möchte.

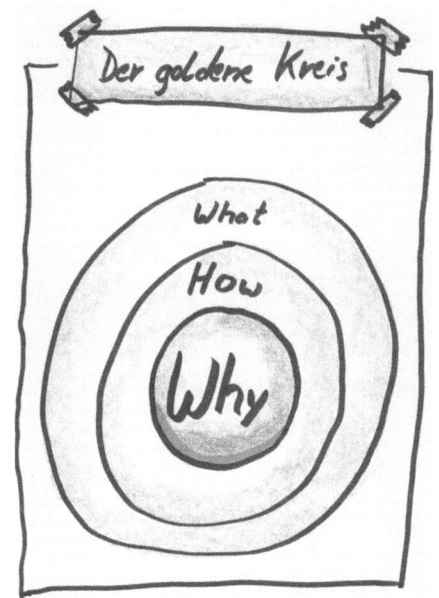

Dies kann z. B. folgendermaßen klingen: »Wir wollen, dass unser Planet auch in 100 Jahren noch bewohnbar ist! Deshalb kümmern wir uns darum, dass Rohstoffe nicht verschwendet werden.« Das ist dann das »Wie«. Erst zum Schluss wird das »Was« kommuniziert, z. B. durch den folgenden Satz: »Wir entwickeln Kunststoffe, die immer wieder recycelt werden können.« Genauso wird die Botschaft auch nach außen kommuniziert, nicht, wie so häufig, vom »Was« ausgehend, sondern vom »Warum«.

Mein eigener goldener Kreis sieht z. B. folgendermaßen aus: Ich unterstütze Menschen und Unternehmen dabei, gesund mit sich und anderen umzugehen. Hierfür gebe ich einfach umsetzbare und verständliche Impulse, damit jeder etwas Passendes findet. Deshalb verfasse ich ein Buch über gesunde Führung.

Am Anfang steht also der Sinn meines Tuns. Erkenne ich in meinem Handeln einen Sinn, habe ich automatisch auch mehr Energie und Freude. Erledige ich Aufgaben, in denen ich keinen Sinn erkennen kann, dann entzieht mir das Energie und ich nutze jede Ablenkung, die sich bietet. Hierzu finden Sie auch im Kapitel »Wirksam sein« kurze Ausführungen. Sinn im eigenen Tun ist etwas Positives. Er führt dazu, dass man sich wohlfühlt, regelrecht aufblüht und sprichwörtlich Bäume ausreißen könnte. Spüre ich die Sinnhaftigkeit meines Tuns und Lebens, dann ist das auch ein körperliches Wohlgefühl, nicht nur ein mentales.

Hierbei stellt sich die Frage, wer entscheidet, ob eine Sache sinnhaft ist oder nicht. Und müssen alle Beteiligten den gleichen Sinn sehen? Ich bin der festen Überzeugung, dass

Sinn etwas sehr Individuelles ist. Auch wenn Institutionen wie die Kirche, aber auch Parteien versuchen, übergreifende Sinn-Antworten zu postulieren, entscheidet jeder ganz persönlich, ob er zustimmt oder nicht. Den Sinn des Lebens suchen viele Menschen seit Tausenden von Jahren, aber bisher hat sich keine Antwort durchgesetzt, die für alle Bewohner dieses Planeten Gültigkeit hat. Es ist sogar noch komplexer: Glauben z. B. junge Menschen, eine Antwort für sich gefunden zu haben, kann es sein, dass sich diese ganz schnell und extrem verändert, wenn sie Eltern werden. Plötzlich ändert sich die Bewertung. Sinn hat also auch etwas damit zu tun, in welcher Lebensphase wir uns gerade befinden. Auch unser Gesundheitszustand ist relevant, denn Menschen, die eine düstere Diagnose bekommen, verschieben ihre Sinnzuschreibung in der Regel ebenfalls.

Wir geben Dingen einen Sinn. Auch warum wir arbeiten, unterscheidet sich elementar. Ging es der Generation meiner Eltern darum, etwas für die Kinder aufzubauen, so wollte meine Generation Sicherheit durch Arbeit schaffen. Junge Menschen sehen Arbeit häufig nur als Notwendigkeit, um sich ein angenehmes Leben zu erschaffen, in dem Urlaub und Reisen wichtige Größe sind. Wir alle geben selbst der generellen Arbeit eine persönliche Bedeutung. Und das gilt auch für die individuelle Tätigkeit. Wichtig dabei ist, dass nicht Einzelne entscheiden, ob diese generell richtig ist oder nicht. Jeder Mensch verleiht seinem Leben, seiner Arbeit, seinen Tätigkeiten individuell einen Sinn.

Arbeit kann ein Ort sein, an dem man Menschen trifft und die eigenen sozialen Kontakte pflegt. Es kann auch ein Ort sein, an dem man Produkte gestaltet, die anderen helfen, das eigene Leben besser zu meistern. Es kann ein Ort sein, an dem Geld verdient wird, um mit der Familie ein gesundes Leben führen zu können, oder einer, an welchem man seine Stärken einsetzen kann und beim Tun Erfüllung empfindet. All diese Zuschreibungen bestehen nebeneinander und können für vier Menschen in der gleichen Abteilung jeweils in unterschiedlichem Maße gelten.

Für Sie als Führungskraft gilt somit wieder: Kommunizieren Sie mit Ihren Mitarbeitenden. Fragen Sie diese, welchen Sinn sie der Arbeit geben. Erläutern Sie selbst, welchen Sinn Sie der Arbeit verleihen. Werten Sie nicht die eigene Sinngebung auf und die andere ab. Durch diesen Austausch fühlen Menschen sich wieder viel mehr gesehen, vielleicht machen sie sich sogar zum ersten Mal bewusst, warum sie an dieser Stelle sind und die Arbeit tun. Mitunter überlegen Menschen gar nicht, warum sie etwas tun, sondern folgen Ratschlägen anderer. Umso positiver ist es, wenn diese dann selbst reflektieren und aus dem Befolgen eines Ratschlags etwas Persönliches machen. Sie selbst können so oder so nur gewinnen, sowohl andere Perspektiven als auch Vertrauen.

Sollte Ihr Unternehmen ein Leitbild haben, dann nutzen Sie es in diversen Situationen. Erklären Sie Prozesse in Bezug auf Aspekte des Leitbildes. Zeigen Sie auf, warum das Produkt, an dem Ihre Abteilung gerade arbeitet, dem Sinn des Leitbildes entspricht. Etablieren Sie Verhaltensweisen untereinander in Anlehnung an das Leitbild. Dadurch bleibt es kein Spruch, sondern findet sich in der täglichen Arbeit wieder und wird im Verhalten untereinander gezeigt und gelebt. Meist steckt Sinn in solchen Leitbildern. Helfen Sie als Führungskraft mit, diese mit Leben zu füllen und strahlen zu lassen.

Zum Schluss dieses Kapitels zeige ich Ihnen sechs unterschiedliche Wege auf, über die Menschen bei der täglichen Arbeit Sinn erfahren können[59]:

1. Persönliches Wachstum – Selbsterfahrung und Reife als Mensch

2. Berufliches Wachstum – Erlernen von neuen und Ausbau von vorhandenen Fähigkeiten

3. Gemeinsames Ziel – mit Kollegen und Ihnen als Führungskraft zusammen etwas gestalten

4. Dienstleistung – für andere Menschen ein Produkt oder eine Dienstleistung schaffen

5. Gleichgewicht der verschiedenen Rollen – Ausgleich zwischen beruflichen und privaten Aspekten

6. Inspiration – Freude am Entwickeln, ausgelöst durch den Glauben der Führungskraft an einen selbst

Vielleicht fallen Ihnen noch weitere Wege ein oder Ihre Mitarbeitenden nennen Ihnen solche. Auf alle Fälle hilft es, wenn man sich bewusst macht, welchen Zweck man mit seiner Arbeit erfüllt. Es führt zu einer Leichtigkeit und Freude, die körperliche Auswirkungen hat und die Produktivität erhöht.

ZUSAMMENFASSUNG

- Erfahren Menschen Sinn in ihrer Tätigkeit, schützt das vor Burn-out.

- Nach dem Bild des goldenen Kreises gelangen wir vom »Warum« über das »Wie« zum »Was«.

- Unterschiedliche Generationen haben unterschiedliche Antworten auf die Frage nach dem Sinn der Arbeit.

- Über den Sinn der Tätigkeiten zu sprechen hilft dabei, Energie zu generieren.

- Integrieren Sie den Sinn des Leitbildes, falls Ihr Unternehmen ein solches hat.

ERFOLGE SICHTBAR MACHEN

Der letzte Buchstabe des Akronyms PERMA steht für **Accomplishment**, d. h. das Erreichen eines Ziels. Jetzt kann man sich in vielen Unternehmen, gerade auch in Behörden, die Frage stellen, welches Ziel gilt es zu erreichen? Ist das Erfüllen einer Quote ein Ziel, der Abschluss eines Verkaufes oder erst die Auslieferung?

Eine weitere mögliche Frage lautet: Wer hat das Ziel erreicht, das Unternehmen, die Abteilung, der Einzelne? Letztendlich kommt es jedoch darauf gar nicht an und es geht auch nicht um das große Ziel, den einzigartigen Erfolg. Im Fokus steht die Wirksamkeit des Tuns. Es geht darum, dass die Arbeit einen Nutzen hat und die persönliche Anstrengung Resultate zeigt. Das wäre das Gegenteil des sprichwörtlichen Hamsterrads. Genau dieses Gefühl haben viele Arbeitnehmende: dass sie sich in einem Hamsterrad befinden und ihr Tun keinen Sinn hat. Wenn es Ihnen gelingt, dieses Gefühl durch das der Wirksamkeit zu ersetzen, leisten Sie einen wertvollen Beitrag.

Ein Weg dahin besteht in der Beobachtung der Fortschritte, die Einzelne und das Team machen. Das Sichtbarmachen und Loben sowie die Verknüpfung der Anstrengung mit Etappenzielen sind hierbei wichtige Faktoren. Dazu zählt z. B. die

Weitergabe der Wertschätzung von Kunden und anderen Abteilungen oder wenn Sie gemeinsam feiern, dass Sie als Team Dinge umsetzen, auch ohne einen bestimmten Meilenstein. Dies habe ich bereits weiter vorne im Buch beschrieben.

Doch es geht noch darüber hinaus. Manchmal ist es hilfreich, mit den Mitarbeitenden gemeinsam zu reflektieren und diese zu fragen, was sie selbst als erfolgreich werten. Dann ergänzen Sie die eigene Sicht und überlegen je nach Bedarf auch, wie andere Menschen innerhalb und außerhalb des Unternehmens das sehen. Nehmen Sie möglichst unterschiedliche Perspektiven bei der Beurteilung der Leistung Einzelner ein. Dadurch kommen eine Menge Aspekte zusammen und die Tätigkeit gewinnt an Bedeutung. Machen Sie statt des Endziels lieber die Fortschritte sichtbar, denn auch das bedeutet, etwas zu erreichen.

Im vorhergehenden Kapitel habe ich über die Sinnhaftigkeit gesprochen und wie divers die Bestimmung davon für jeden Einzelnen ist. Ein Zustand, in dem wir uns wunderbar fühlen, ist der des Flows. In diesem empfinden wir uns als wirksam und erfüllt. Dieser Zustand ist nicht per Knopfdruck zu erreichen, es gibt jedoch drei Faktoren, die ihn fördern[60]:

1. Bedeutung der Tätigkeit

2. Einsatz von Stärken

3. Freude beim Tun

Kommen diese drei Elemente zusammen, besteht eine große Chance, diesen wundervollen Zustand zu erreichen. Dabei vergessen wir die Zeit, Bedürfnisse wie Essen und Trinken und blenden alles andere aus. Alles fließt und herausfordernde Dinge gelingen mit Leichtigkeit. Wichtig dabei ist, dass wir uns anstrengen müssen. Ist die Herausforderung zu gering, schweift der Geist ab und wir fokussieren uns nicht. Doch genau das ist notwendig. Wenn wir im Flow-Zustand sind, befinden wir uns vollständig in diesem Moment. Wir denken nicht an andere Aufgaben, hören keine irritierenden Geräusche und nehmen nur uns und unser Tun wahr. Diese Phasen sind erfüllend und vermitteln das Gefühl von Vitalität. Die Frage nach dem Erreichen eines Zieles stellt sich nicht, weil dieser Glückszustand ausreicht. Die Bedeutsamkeit des Tuns ist einer der Faktoren, die den Flow unterstützen.

Eine Annäherung dieses Zustands kann man Mitarbeitenden in einem Gespräch bewusst machen. Dazu können Sie fragen, inwieweit es der Mitarbeiterin oder dem Mitarbeiter in den vergangenen zwei Wochen gelungen ist, aus dem idealen Selbst zu agieren? Vermutlich werden Sie zunächst Unverständnis erhalten, wenn Sie diese Frage das erste Mal stellen. Aber es geht darum, anderen bewusst zu machen, was sie täglich schaffen. Daran schließt sich idealerweise die Frage nach den eingesetzten Stärken oder Fähigkeiten an. Damit legen Sie den ersten Stein für den Weg zur Wiederholung des Zustands. Sie kristallisieren die Stärken heraus, um zu überlegen, wie diese gefördert und bei anderer Gelegenheit eingesetzt werden könnten. Gern können Sie auch die Frage stellen, was die Person bräuchte, um noch besser oder öfter so zu handeln.

Wie so oft geht es darum, Dinge bewusst zu machen. Der Fokus liegt nicht darauf, etwas Neues zu tun, sondern darauf, das, was vorhanden ist, ans Licht zu bringen. Wir können nicht täglich die Welt neu erfinden, jedoch können wir wertschätzen, was wir tun. Darüber hinaus haben wir die Möglichkeit, auch kleine Veränderungen zu entwerfen, die nicht die Arbeit revolutionieren, sondern sie ein Stück weit an die Bedürfnisse und Stärken der einzelnen Mitarbeitenden anzupassen. Auch dafür habe ich Ihnen einige Anregungen und Fragen zusammengestellt, die Ihnen helfen, mehr Struktur in Gespräche zu bringen. Verbindend fasst man diese unter dem Stichwort Job Crafting zusammen[61].

Im ersten Aspekt »**Task Crafting**« geht es um die Aufgaben und die Umgebung beim Erledigen der Arbeit. Zu prüfen ist, wie der Arbeitsprozess durch Umstellen der Aufgaben oder Unterstützung bei den einzelnen Schritten anders gestaltet werden kann. Sie können Ihre Mitarbeitenden fragen, welche drei Aufgaben sie auf alle Fälle beibehalten wollten, wenn sie neue Aufgaben erhielten, und welche drei sie dann abgeben würden. Eine weitere mögliche Frage klärt, welche Aufgaben sie gern behalten möchten, wenn sich Rahmenbedingungen ändern würden und in welcher Weise sich diese Bedingungen ändern müssten? Wenn Sie das im Team machen, können Sie die Antworten auf einer Metaplanwand oder einem Whiteboard sichtbar machen und am Ende prüfen, ob innerhalb des Teams eine Neuverteilung von Zuständigkeiten sinnvoll ist.

Beim **Skill Crafting** geht es darum, persönliche Fertigkeiten und Stärken weiterzuentwickeln. Hier finden alle Fragen Platz, in denen es um Wünsche der persönlichen Entwicklung und Weiterbildung geht. Dabei ist es unerheblich, ob es um innerbetriebliche Weiterentwicklung, Schulungen oder das Testen bestimmter Tätigkeiten geht. Hierbei stellen Sie direkte Fragen, wie z. B. »Welche Fähigkeiten würdest Du gern ausbauen?« oder »Angenommen, Du könntest Dich so weiterentwickeln, wie Du es wünschst, was würdest Du in drei Jahren neu erlernt haben?«. Da ich davon ausgehe, dass Sie auf diesen Bereich ohnehin schon achten, vertiefe ich ihn hier nicht weiter.

Wir haben schon in früheren Kapiteln gesehen, dass Beziehungen für uns sehr wichtig sind. Deshalb geht es beim **Relational Crafting** darum, was in Bezug auf die Arbeitsbeziehungen verändert werden müsste, damit die Arbeit leichter fiele. Dabei ist herauszuarbeiten, zu wem die stärksten Beziehungen bestehen, welche ausgebaut und welche verringert werden sollten. Es wird überlegt, wie das Zusammenspiel der Mitarbeitenden so gestaltet werden könnte, dass es möglichst harmonisch läuft.

Sie können zudem Mitarbeitende fragen, wie ihre Arbeitsbedingungen verändert werden müssten, damit sie mehr für ihre Gesundheit tun können. Dies ist das Wellbeing Crafting, bei dem es auf die Auswirkung des Arbeitsplatzes und der

Abläufe auf die Gesundheit geht. Hierbei ist egal, ob es um flexiblere Gestaltung des direkten Arbeitsbereiches wie höhenverstellbare Schreibtische, Pflanzen, Bilder, Farben oder Stehhilfen geht oder ob bestimmte Punkte im Bereich der Arbeitssicherheit verändert werden sollten. Es ist auch denkbar, Fragen zur Selbstverantwortung in den Blick zu rücken, z. B. wie die Mitarbeitenden mehr Aktivität in ihren Arbeitsalltag einbauen können. Es gibt viele Ansatzpunkte, um das Bestehende anzupassen. Allerdings rate ich davon ab, zu viele Aspekte parallel anzugehen, weil Menschen Gewohnheiten lieben und mehrere gleichzeitig stattfindende Veränderungen Stress hervorrufen können.

ZUSAMMENFASSUNG

- Erleben Menschen ihr Tun als wirksam, unterstützt dieses Wissen ihre Gesundheit.

- Im Flow-Zustand setzt man persönliche Stärken ein, kennt die Bedeutung des Tuns und verspürt im Moment Freude.

- Beim Job Crafting geht es darum, das Arbeitsumfeld aktiv mitzugestalten.

- Gehen Sie regelmäßig ins Gespräch mit Mitarbeitenden, um die Aspekte gemeinsam gestalten zu können.

SELBSTREFLEXION UND FRAGEN

Bevor wir zu hilfreichen Kommunikationstools für Ihre Gespräche mit Mitarbeitenden kommen, möchte ich an Sie eine Einladung aussprechen. Nehmen Sie sich die Zeit, sich selbst und Ihren Arbeitsstil zu reflektieren. Dadurch gewinnen Sie Sicherheit für Ihre Führungstätigkeit und Gespräche mit anderen und können den Raum für das Team aktiv gestalten.

Es ist einfach, andere in die Verantwortung zu nehmen, bei Missständen anderen die Schuld zu geben und das eigene Verhalten als einzig wahre Richtschnur zu nehmen. Wir teilen lieber aus, als uns selbst ehrlich zu reflektieren. Ich sehe da zwei Schwierigkeiten. Einerseits greift man von einem wackeligen Boden aus an und hat somit selbst keinen festen Stand. Andererseits ist zu klären, was man mit einem Angriff erreichen möchte: Geht es um Macht oder darum, dass man gemeinsam mit dem Team wächst? Der Kernpunkt besteht also darin, Position und Ziel zu klären. Dies sind die Grundvoraussetzungen, die feststehen sollten, bevor ich in die Kommunikation gehe. Und das gilt eigentlich für jede Kommunikation, sofern es nicht um Small Talk geht. Ich erlebe häufig, dass Unsicherheiten und kontrovers laufende Gespräche allein dadurch eine ganz andere Richtung nehmen, dass ich mit Menschen an ihrer Ausrichtung arbeite. Diese umfasst die

Absicht, die hinter dem Gespräch steht, und das Verhältnis zu den Personen, die beteiligt sind. Sind diese beiden Aspekte sauber reflektiert, steht einem erfolgreichen Dialog nichts mehr im Weg.

Beginnen wir mit dem eigenen Verhältnis zur anderen Person:

- Welche Haltung nehme ich ihr gegenüber ein?
- Habe ich ein positives oder ein negatives Bild?
- Haben wir eine gemeinsame Vergangenheit und wie ist diese in meiner Wahrnehmung geprägt?
- Mit welchem Gefühl gehe ich in ein Gespräch mit dieser Person?

Ich habe im Download-Bereich ein PDF dazu hinterlegt. Dieses ist vor sensiblen Gesprächen hilfreich. Steigen wir in ein Gespräch ein und sind uns unserer Haltung nicht bewusst, reagieren wir schnell unangemessen, antworten schärfer als geplant oder geben Äußerungen von uns, die absolut unpassend sind. Machen wir uns diese Punkte aber im Vorfeld bewusst, können wir darauf achten, uns vorbereiten und Alternativen überlegen. Auch die Kontrolle unserer Emotionen gelingt dann einfacher.

Stellen Sie sich einmal vor, es steht ein Gesprächstermin mit einem Mitarbeiter an, der Sie innerlich aufregt. Sie zweifeln an seiner Arbeitsmoral und wollen jetzt über sein Verhalten sprechen. Wie viel Zeit widmen Sie der Vorbereitung dieses Gesprächs? Im Regelfall tendieren wir dazu, möglichst wenig Zeit dafür zu opfern, da wir wünschen, dass dieses Gespräch schnell vorbeigeht. Doch damit ist die Gefahr viel größer, dass der Austausch nicht erfolgreich ist. Sie haben es eilig, wollen ihre Punkte anbringen und verfügen über kein Interesse, den anderen zu verstehen. Unter dieser Voraussetzung wird das Gespräch selten effektiv. Sie sollten dann besser gar nicht in die Kommunikation einsteigen. Wenn Sie sich aber vorbereiten, kann ein großer Mehrwert daraus entstehen, für Sie und Ihr Gegenüber.

Denn – und damit sind wir beim zweiten Aspekt – jedes Gespräch, das Sie initiieren, sollte eine Absicht verfolgen.

- Warum genau führen Sie dieses Gespräch?

- Wollen Sie etwas erfahren, vielleicht eine Sichtweise?

- Möchten Sie eine Einladung aussprechen?

- Beabsichtigen Sie, eine Ansage zu machen, etwas klarzustellen?

Je klarer Sie Ihre Absicht formulieren können, umso effektiver wird das Gespräch sein. Ich erlebe es immer wieder, dass Gespräche nur deshalb unproduktiv verlaufen, weil die Absicht nicht eindeutig war. Daraus entsteht ein Gefühl der Unzufriedenheit, denn eigentlich wusste man, was man bezweckt hat. Nur lief es dann doch anders, die Erklärungen kamen nicht an, Fragen führten zu neuen Fragen statt zu Antworten. Dies ist ein typischer Gesprächsverlauf bei nicht sorgfältig vorbereiteten Gesprächen. Idealerweise können Sie Ihr Ziel oder Ihre Ziele in maximal drei bis vier kurzen Sätzen zusammenfassen. Gelingt Ihnen das, ist die Hälfte der Kommunikation bereits erfolgreich.

Sowohl in Seminaren als auch im Rahmen eines Coachings lasse ich meine Teilnehmenden ihr Ziel auf diese Weise formulieren. Erst wenn Ziele klar sind, gehen wir weiter. Das Tolle ist, dass man es sofort spürt, wenn diese Klarheit entstanden ist. Die Körpersprache ist eine andere, auch die Stimme passt, sie wird satter und kräftiger. Die innere Klarheit führt im Außen zur Verständlichkeit und allen wird bewusst, dass es den Sprechenden ernst damit ist und sie überzeugt sind von dem, was sie gerade aussprechen. Genau darum geht es: sich verständlich zu machen, damit das Gespräch einen Mehrwert hat.

In den vorherigen Kapiteln habe ich viel über hilfreiche Faktoren geschrieben, dank derer sich Menschen sicher fühlen, Neues wagen und Auffälliges ansprechen. Deshalb sollten Sie sich fragen, ob Sie dafür den Raum schaffen. Inwiefern geben Sie der Arbeit einen Rahmen, der deutlich macht, was die Mitarbeitenden tun sollen und dürfen?

Dazu gibt es unterschiedlichste Fragestellungen, die diverse Aspekte berücksichtigen. So können Sie für sich z. B. folgende Fragen beantworten:

- Bin ich klar gewesen in der Beschreibung der Arbeit oder einer konkreten Aufgabe?

- Ist allen Beteiligten bewusst, inwiefern die Arbeit von anderen abhängig ist oder Auswirkungen auf andere hat?
- Welche Aspekte sind unsicher, wechselnd oder von uns nicht beeinflussbar?
- Wie deutlich und regelmäßig habe ich auf diese Punkte aufmerksam gemacht?
- Wie gehe ich selbst mit Fehlern um? Und spreche ich darüber?
- Habe ich kenntlich gemacht, dass Fehler, die wir heute machen, die Grundlage für spätere Erfolge bilden können, wenn wir sie ansprechen?
- Wie klar kommuniziere ich, dass Rückschläge bei neuen Aufgaben und Arbeitsweisen normal sind und dazugehören?
- Ordne ich unsere Arbeit in einen größeren Sinn-Zusammenhang und kommuniziere diesen?

Wenn Sie diese Fragen lesen, wird Ihnen vermutlich bewusst, wie komplex wir denken sollten, wenn wir uns und unser Team erfolgreich für die Zukunft aufstellen wollen. Denken Sie immer wieder daran, dass wir alle vor zehn Jahren keine Idee hatten, welchen Herausforderungen wir uns gegenübergestellt sehen würden. Das wird auch in Zukunft nicht anders sein. Deshalb ist es so essenziell, sich nicht auf den Status quo zu verlassen, sondern als Team offen und flexibel zu sein.

Genau dafür braucht es den Raum, in dem sich Menschen sicher fühlen.

Doch es geht natürlich noch weiter, denn es gilt auch zu reflektieren, ob man die Mitarbeitenden eingeladen hat, zu denken, sich zu äußern, mitzuarbeiten und zu gestalten. Nur dann werden diese auch aktiv Verantwortung übernehmen. Deshalb finden Sie hier ein paar Fragen zu diesem Aspekt:

- Habe ich meinen Wunsch klar ausgesprochen, dass ich an der Meinung jedes Einzelnen interessiert bin und mich über Beteiligung freue?
- Stelle ich ausreichend offene Fragen, statt meine Meinung kundzutun?
- Bin ich neugierig auf ungewöhnliche Ansätze zur Problemlösung?
- Baue ich Rahmenbedingungen, die einen offenen und ehrlichen Austausch fördern?
- Drücke ich meine Wertschätzung für die Mitarbeitenden oft genug aus?
- Schätze ich, dass sich Mitarbeitende einbringen, auch dann, wenn ich den Vorschlag selbst nicht für passend halte? Und zeige ich auch dafür meine Wertschätzung?
- Bedanke ich mich auch bei denen, die mir schlechte und unangenehme Nachrichten überbringen, statt sie dafür verantwortlich zu machen?

Wenn Sie all diese Fragen bejahen können, agieren Sie vorbildlich. Aber es geht nicht darum, etwas zu 100 Prozent richtig zu machen, sondern sich selbst ebenfalls weiterzuentwickeln. Wichtig ist, selbst zu lernen, statt der Ansicht zu sein, man hätte genug gelernt und könne jetzt damit aufhören. Auch für uns bedeutet das Leben nie Stillstand, daher ist es notwendig, sich immer wieder neu zu orientieren und zu wachsen.

Sollten Sie allerdings unsicher sein, was die Beantwortung der obigen Fragen betrifft, können Sie diese auch Mitarbeitenden stellen. Ich empfehle Ihnen, diejenigen zu befragen, von denen Sie wissen, dass sie keine Scheu haben, Ihnen gegenüber ehrlich zu sein. Wählen Sie Menschen aus, die unsicher sind, dürften die Antworten zwar tendenziell häufiger so ausfallen, wie Sie es sich wünschen, aber der Nutzen ist geringer. Es geht schließlich um Reflexion, nicht um Bestätigung. Auf alle Fälle lade ich Sie ausdrücklich dazu ein, sich Klarheit über sich selbst und Ihren Führungsstil zu verschaffen, und zwar nicht global, sondern ganz spezifisch. Dafür sind die oben genannten detaillierten Fragen gedacht.

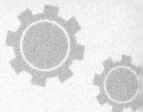

ZUSAMMENFASSUNG

- Bevor ich in die Kommunikation mit anderen gehe, sollte ich mir über meine Absichten klar sein.

- Sowohl das Ziel des Gesprächs als auch meine Haltung zu den Gesprächsteilnehmenden sind relevant.

- Wichtig ist, ob ich die Rahmenbedingungen verständlich kommuniziere.

- Ebenfalls bedeutsam ist, inwiefern ich meine Haltung und Erwartung allen Mitarbeitenden gegenüber klar ausdrücke.

SINNSTIFTENDE GESPRÄCHE FÜHREN

Jetzt, wo Sie sich und Ihrer Haltung sicher sind, geht es um Methoden, mit denen Sie konstruktive Gespräche mit Mitarbeitenden führen können. Hierfür zeige ich Ihnen drei unterschiedliche Ansätze auf, weil es mehr als eine richtige Art für alle Gespräche gibt.

Lassen Sie uns mit einem generellen Gespräch beginnen. Stellen Sie sich vor, es gibt eine Mitarbeiterin, die grundsätzlich gute Arbeit leistet und in das Team integriert ist. Dennoch wissen Sie nicht so recht, wie stark sie sich einbringt, wie motiviert sie wirklich ist und ob es vielleicht Spannungen zwischen ihr und den Kollegen gibt. Diese Frau ist tendenziell zurückhaltend mit ihren Äußerungen, macht auf Sie einen bedachten Eindruck und manche ihrer Kommentare können Sie schwer einordnen. Daher beschließen Sie, mit dieser Mitarbeiterin ein Gespräch zu führen, um sie besser kennenzulernen und einschätzen zu können und um ihr Rückendeckung zu vermitteln, falls das nötig wäre. Sobald Sie jedoch fragen, ob alles in Ordnung sei, erhalten Sie nur Aussagen wie »Ja, passt schon« als Antwort. Wirklich weiter kommen Sie dadurch nicht, wollen aber auch nicht weiter nachfragen. Und damit erreichen Sie Ihr Ziel nicht wirklich.

Ich habe die Erfahrung gemacht, dass es in solchen Fällen hilfreich ist, spezifischer zu sein. Dafür gebe ich im Vorhinein oder zu Beginn des Termins ein Diagramm an die andere Person weiter. Ich bitte sie, sich über die Aspekte darauf Gedanken zu machen und den momentanen Stand einzutragen. Hierbei geht es unter anderem um Erfolgserlebnisse, Selbstbestimmung sowie die soziale und strukturelle Unterstützung. Insgesamt gibt es 16 Linien, auf denen mein Gegenüber einträgt, an welcher Stelle es sich auf den Linien sieht, z. B. zum Aspekt des Austauschs. Dazu können Sie der Mitarbeiterin die Frage stellen: »Wie sehr tauschen Sie sich mit den

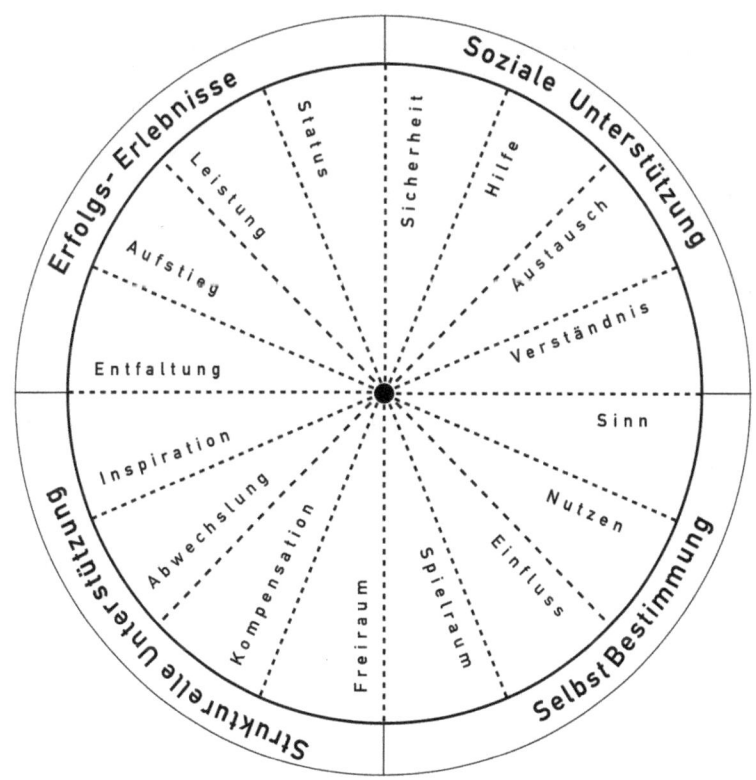

Kollegen über berufliche Herausforderungen aus?« Wenn die Einschätzung eher gering ist, setzt sie ein Kreuz weiter innen im Kreis, ist sie hoch, dann weiter im Außenbereich. Zu diesen 16 Aspekten ordnet sie sich also erst einmal selbst ein, wie bei einem Schieberegler an einem Verstärker. Dadurch reflektiert die Mitarbeiterin sich selbst auf sehr spezifische Art. In Folge können Sie dann gezielt über die Punkte kommunizieren. Warum sieht sie sich genau dort? Was bräuchte sie, um weiter nach außen zu gelangen? Wenn sie Unterstützung bekäme, woran würde sie merken, dass diese ihr hilft? Sie sehen schon, hier sind Sie selbst in Ihrer Rolle als Coach gefragt. Es braucht gutes Einfühlungsvermögen und Klarheit, ein sinnvolles Gespräch zu führen, und es lohnt sich. Denn die Mitarbeiterin spürt nicht nur, dass Sie sich für sie interessieren, sie kann auch sehr spezifisch herausarbeiten, was sie noch benötigt, um sich eingebunden und sicher zu fühlen.

Schauen Sie sich das dazu hinterlegte PDF (Vorbereitung Gespräche[62]) im Download-Bereich in Ruhe an und entwickeln Sie eigene Fragen, die Sie zu den einzelnen Linien stellen können. Am besten ist es, wenn Sie das Diagramm erst einmal für sich selbst ausfüllen. Dadurch erhalten Sie Klarheit und gewöhnen sich an den Umgang damit. Meiner Ansicht nach ist es ein wertvolles Instrument, um klare Gespräche mit Mitarbeitenden zu führen, bei denen Sie bezüglich Ihrer persönlichen Einschätzung nicht sicher sind. Gleichzeitig stoßen Sie Gedanken zu Aspekten an, die selten bewusst angesprochen werden, aber unbewusst die Arbeit beeinflussen.

Sollte Ihnen das zu aufwendig erscheinen, können Sie auch Fragen zu den vier Bereichen stellen, die Kim Cameron, ein Organisationspsychologe, als hilfreich für den positiven Leadership-Ansatz herauskristallisiert hat[63]:

- Klima, also die Stimmung und Arbeitsbedingungen

- Beziehungen, sowohl zu den Kollegen als auch zu Ihnen als Führungskraft

- Kommunikation, d. h. Klarheit bei der Aufgabenverteilung sowie dem Austausch untereinander

- Sinn, Bewusstsein über die Sinnhaftigkeit der jeweiligen Tätigkeit

Auch hierfür gilt es, eigene zutreffende Fragen zu formulieren. Denn ohne gute Fragen können Sie wenig erfahren. Nicht umsonst sind sie für einen Coach das Handwerkszeug Nummer eins. Und wie es gelingt, gut zuzuhören, haben Sie im Kapitel »Von Mensch zu Mensch« bereits erfahren, nämlich durch das aktive Zuhören. Gerade auch bei Fragen wie den oben formulierten ist der Gedanke an das Trampolintuch für mehr Höhe und Tiefe extrem hilfreich.

Lassen Sie uns in ein anderes Szenario eintauchen. Ihnen fällt auf, dass ein Mitarbeiter zwar seine Arbeit nach wie vor gut erledigt, aber ansonsten kaum ansprechbar ist. Auch an gemeinsamen Treffen nach Feierabend nimmt er überhaupt nicht mehr teil. Sie vermuten, dass es dafür einen Grund gibt.

Jetzt könnten Sie natürlich direkt auf ihn zugehen und sagen: »Man sieht Dich überhaupt nicht mehr nach Feierabend und auch sonst igelst Du Dich immer mehr ein. Was ist denn mit Dir los?« Vermutlich fühlt er sich da etwas angegriffen und wird entweder behaupten, es sei alles in Ordnung, oder klarstellen, dass Sie das überhaupt nichts angeht, solange er seine Arbeit erledigt.

Ich möchte Ihnen einen anderen Vorschlag machen: »Mir ist aufgefallen, dass Du an den letzten vier Abendveranstaltungen nicht dabei warst. Und als ich Dich letzte Woche gefragt habe, wie es Deinen Kindern geht, hast Du mich nur angeschaut und gar nichts gesagt. Deshalb mache ich mir Gedanken, ob alles in Ordnung mit Dir ist. Dein Wohlergehen liegt mir am Herzen, da sorge ich mich im Moment etwas. Wenn Du Unterstützung brauchst, egal ob es um Reden oder Entlastung geht, sprich mich bitte an. Ich nehme mir gern die Zeit dafür.«

Sie werden eventuell auch nicht sofort eine Antwort erhalten, haben jedoch einen Samen gelegt und Ihrer Sorge Ausdruck verliehen, und das ganz ohne Angriff. Sie haben keinen Vorwurf und keine Du-Botschaft gesendet, sondern eine Ich-Botschaft. Auch schilderten Sie Ihre Beobachtung und Ihr Gefühl. Darüber hinaus zeigten Sie dem Mitarbeiter die Möglichkeit auf, mit Ihnen zu sprechen, wann immer er dazu bereit ist. Somit haben Sie die Tür geöffnet, ihn aber nicht gleich hineingezogen und die Tür hinter sich verriegelt.

In der Kommunikation, gerade auch zur Vorbereitung eines Gesprächs, hat sich das Akronym SAG ES etabliert. Damit kann man kompakte Sachverhalte gut ansprechen und sowohl für sich selbst als auch für den Gesprächspartner für Klarheit sorgen[64]. Dabei stehen die einzelnen Buchstaben für:

S – Situation
A – Auswirkung
G – Gefühl

E – Erfragen
S – Schlussfolgerung

Gerade wenn man eine kritische Verhaltensweise anspricht, ist es wichtig, bei der Beschreibung der Situation keine Wertung vorzunehmen. Stellen Sie sich das Ganze vor wie bei einer Rückblende im Film. Sie nehmen Ihren Gesprächspartner mit zurück in eine konkrete Situation. Mit ein bis zwei Sätzen beschreiben Sie die Tatsachen, damit der Ausgangspunkt für Sie beide der gleiche ist. Das bedeutet im Umkehrschluss, dass Sie keine Generalisierungen, Vermutungen oder Wertungen vornehmen. Sie berichten schlicht die Tatsachen aus Ihrer Sicht. Ein typisches Beispiel könnte sein: »Gestern im Meeting habe ich zweimal einen Satz angefangen, als Du meinen Gedanken übernommen und den Satz weitergeführt hast, obwohl ich noch nicht fertig war.« Man könnte auch sagen: »Du hast mich zweimal unterbrochen, obwohl ich noch weiter reden wollte.« Nicht hilfreich sind Formulierungen wie: ständig, andauernd, immer oder nie. Denn Sie können sicher sein,

Ihr Gegenüber findet die Ausnahme auf Ihre Regel und wird diese sofort anführen. Halten Sie sich an die Tatsachen, das ist wirkungsvoller.

Danach folgt ein Satz zu den Auswirkungen, den dieses Verhalten auf Sie oder andere hatte. In unserem Beispiel kann dieser folgendermaßen lauten: »Dadurch habe ich meinen Faden verloren.« Hier geht es darum, dem anderen bewusst zu machen, dass sein Verhalten Konsequenzen hat. Diese können entweder klar sein, sie können aber auch versteckter liegen, z. B.: »Dadurch ist bei dem Geschäftsführer der Eindruck entstanden, ich könne mich nicht positionieren.«

Im nächsten Schritt geht es darum, welches Gefühl dieses Verhalten bei Ihnen ausgelöst hat. Wäre kein Gefühl entstanden, hätten Sie auch keinen Grund, es jetzt anzusprechen. Egal ob Sie sagen, dass Sie das geärgert hat oder Sie wütend darüber waren, Sie dürfen dies offen ansprechen.

Der nächste Schritt ist oft der spannendste, denn hier geht es darum, eine Frage an Ihr Gegenüber zu richten. Sie formulieren in diesem Schritt die Frage, die Sie klären wollen. Hier gilt es zu überlegen, was Sie erreichen möchten, wenn Sie das Verhalten zur Sprache bringen. Wollen Sie Ihr Gegenüber verstehen, eine Verhaltensänderung in der Zukunft oder eine Rechtfertigung bewirken? Je nachdem, was Sie beabsichtigen, fällt die Frage anders aus. Das geht von: »Wie siehst Du das?« bis hin zu: »Wie schaffen wir es, dass wir in Zukunft beide unsere Gedanken zu Ende sprechen können?« Wichtig ist, dass das, was Sie beabsichtigen, auch über die vorherigen Sätze angesteuert wird. Die Frage muss somit zu den Aspekten unter SAG passen, um einen Sinn zu erfüllen.

Dann arbeiten die Beteiligten gemeinsam eine Schlussfolgerung heraus. Meist genügt nicht ein einzelner Satz, sondern beide sollten sich Gedanken machen und diese miteinander teilen, damit eine einvernehmliche Lösung möglich ist. Dabei geht es nicht um Überreden oder Erpressen, sondern um eine tragfähige Idee. Und das sollte auch die Grundhaltung sein, mit der Sie das Gespräch führen. Sie wollen eine gemeinsame Lösung finden und sind dafür auf die Mitgestaltung Ihres Gegenübers angewiesen.

Ich nutze dieses Akronym regelmäßig und brauche mittlerweile auch keine Vorbereitung dafür. Wenn es neu für Sie ist, empfehle ich Ihnen jedoch, es erst zu üben. Überlegen Sie im Vorfeld, wie Sie ein Verhalten ansprechen würden, und präsentieren Sie Ihre kurze Rede einem Freund. Praktisch daran ist, dass Sie keine weiteren einführenden Sätze benötigen, da Sie Ihren Gesprächspartner durch die Rückblende wieder in die Situation holen. Jedem ist klar, worum es geht und was Ihr Anliegen ist, wenn Sie es nach diesem Schema präsentieren und Sie für SAG nicht mehr als fünf Sätze benötigen. Wird der erste Teil länger, hört Ihr Gegenüber im Regelfall nicht aufmerksam zu, sondern ist in

Gedanken auf dem Sprung. Das zwingt Sie also zu Klarheit und Prägnanz, was hilfreich für Sie selbst und natürlich auch Ihren Gesprächspartner ist.

Ich bin ein großer Fan von SAG ES und nutze es auch in Coachings, um meinen Coachees zu mehr Klarheit zu verhelfen. Oft neigen wir dazu, zu relativieren, weitere Themen einzuarbeiten und den Faden zu verlieren. Erst durch die fünf einfachen und klaren Sätze wird das Ganze ersichtlich. Nach meiner Erfahrung verändert sich dadurch auch die innere Haltung und das Auftreten, sodass man die Botschaft schon kommuniziert, ohne darüber sprechen zu müssen. Versuchen Sie es am besten mit kleinen kompakten Verhaltensweisen, die Sie bei Menschen ansprechen, zu denen Sie ein gutes Verhältnis haben.

Wie Sie oben im Beispiel gesehen haben, kann man das Akronym auch für Auffälligkeiten nutzen, die man ansprechen möchte. Auch wenn es ursprünglich anders konzipiert war, finde ich, dass wir uns die Freiheit nehmen dürfen und sollten, es auch anders zu verwenden. Womit wir bei der dritten Anregung sind. Diese ist ganz knapp, aber extrem wichtig, wenn es um psychische Auffälligkeiten geht. Vielleicht kennen auch Sie Menschen, im beruflichen oder privaten Kontext, bei denen Sie vermuten, dass hier eine Depression, ein Burn-out oder eine Suchterkrankung vorliegen könnte. Da dies sehr sensible Themen sind, ist es ganz wichtig, achtsam zu agieren. Das bedeutet: keine Diagnose, keine Urteile oder Vermutungen aussprechen, sondern nur die Veränderung eines Verhaltens thematisieren. Es ist nicht unsere

Aufgabe, andere zu diagnostizieren oder zu therapieren. Wir bemerken höchstens, dass sich Menschen seit geraumer Zeit anders verhalten als früher. Diese Änderung können wir artikulieren, ohne jedoch eine ausgesprochene Vermutung damit zu verknüpfen. Wir geben an, dass wir uns Sorgen darüber machen, ob die Person Unterstützung benötigt. Man kann das auch mit dem Angebot verknüpfen, jemanden hinzuzuziehen, der eine professionelle Unterstützung anbietet, falls der Wunsch danach besteht. Hier braucht es Vertrauen und Zeit, denn psychische Erkrankungen sind meist Tabuthemen. Menschen haben schnell den Verdacht, stigmatisiert zu werden, wenn sie hier Schwäche zugeben. Nach wie vor sprechen wir fast mit Stolz über Unfälle, können selbst Krebserkrankungen offenlegen, aber psychische Erkrankungen sehen wir meist als Versagen an und schweigen darüber. Hat Ihr Gegenüber den Gedanken, Sie wollen ihn in eine solche Schublade zwängen, kann es schnell dazu kommen, dass er den Kontakt abbricht.

Seien Sie sensibel, beschreiben Sie Ihre eigenen Beobachtungen, öffnen Sie die Tür, indem Sie Gesprächsbereitschaft zeigen, und bieten Sie Unterstützung an. Erwarten Sie nicht, dass der andere Ihr Angebot sofort annimmt. Beobachten Sie ihn deshalb gern mit Wohlwollen weiter, aber üben Sie keinen Druck aus.

ZUSAMMENFASSUNG

- Das Diagramm (Kraftrad) ist eine gute Gesprächsgrundlage für Menschen, die im Gespräch eher zurückhaltend agieren.

- Entwickeln Sie eigene Fragen, dadurch werden Gespräche differenzierter und klarer.

- Fragen zu den Aspekten betriebliches Klima, Beziehungen, Kommunikation und Sinn sind unterstützend.

- SAG ES ist ein Akronym zum Ansprechen von konkreten Verhaltensweisen.

- Als Führungskraft stellen Sie keine Diagnosen zur psychischen Gesundheit, Sie sprechen höchstens eine konkrete Verhaltensänderung an.

SCHWIERIGKEITEN UND KOMMUNIKATION

Im vorherigen Kapitel habe ich es schon angesprochen: Trotz bester Absicht und guter Unterstützung kommt es vor, dass Mitarbeitende erkranken. Es kann sein, dass sie in einen Burn-out geraten oder einfach im Moment überlastet sind. Deshalb möchte ich erst noch einmal auf ein paar Aspekte hinweisen, die Sie überprüfen können, um festzustellen, ob Sie von Ihrer Seite alles getan haben.

In Bezug auf die Aufgaben, die der Mitarbeiter zu erledigen hat, gibt es Parameter, die gesundheitsschädigend sind:

- geringer Handlungsspielraum bei gleichzeitiger hoher Verantwortung
- starker Leistungs- und Termindruck
- extreme emotionale Inanspruchnahme

Ich denke, die ersten beiden Aspekte erklären sich von selbst. Denn wenn auf der einen Seite viel von mir erwartet wird, auf der anderen Seite aber die Rahmenbedingungen kontraproduktiv sind, führt das zu einer hohen inneren Spannung. Wer viel Verantwortung trägt, braucht auch den Rahmen, um aktiv und selbstständig Entscheidungen treffen zu können.

Er benötigt das Vertrauen, seinen eigenen Weg finden und gehen zu können, ansonsten müsste er sich permanent absichern. Verantwortung und Einschränkung widersprechen sich, das führt zu Anspannung und Unzufriedenheit.

Auch der Punkt, gleichzeitig eine hohe Leistung erbringen zu sollen, funktioniert bei zeitlichem Druck nicht. Ich sage immer, dass Aufgaben entweder schnell oder sorgfältig erledigt werden können. Beides zusammen ist nicht möglich, hier ist eine Priorität erforderlich. Ist die Priorität für die derzeitige Aufgabe klar und dementsprechend kommuniziert oder besteht Ungewissheit und damit Druck?

Bei der emotionalen Inanspruchnahme sind verschiedene Aspekte möglich. Zum einen kennen das alle Menschen, die in Pflegeeinrichtungen und Krankenhäusern arbeiten. Gerade die Arbeit mit Sterbenden oder sehr schwer Erreichbaren (Menschen mit bestimmten psychischen Erkrankungen, Demenzkranke) stellt eine hohe emotionale Anforderung an die Betreuenden dar. Das gilt sowohl für das Pflegepersonal als auch für die Angehörigen. Die eigene Emotionsregulierung und die Frustration, wenig ändern zu können, verlangen einen stattlichen Preis von den Menschen. Deshalb benötigen sie auch ausreichend Gelegenheiten, um sich selbst zu entlasten und die eigenen Ressourcen wieder aufzufüllen.

Zum anderen kann es aber auch sein, dass eine Teamleiterin angewiesen wurde, bestimmte Entlassungen oder Versetzungen zu kommunizieren, und sich damit sehr schwertut. Auch ist es möglich, dass diese Teamleiterin keinen Sinn darin erkennt, bestimmte Aufgaben ihren Kollegen zuzuweisen. Dann handelt diese Frau gegen ihren eigenen Wertekontext.

Und das kostet Kraft. Auch in diesem Fall sollten Sie prüfen, wo und wie Sie unterstützen können.

Es gibt aber auch rein technische Faktoren, die sich schädlich auf die Mitarbeitenden auswirken können:

- häufige Unterbrechungen
- Überstunden
- permanente Erreichbarkeit

Den ersten Punkt kennen Sie vermutlich selbst zur Genüge. Er betrifft dieses unbefriedigende Gefühl, das sich jedes Mal einstellt, wenn Sie unterbrochen werden, während Sie gerade im Fluss sind. Es geht um die Frustration darüber, dass Sie Ihren Arbeitsrhythmus nicht beibehalten können, sondern Menschen Sie stören. Schnell kann sich dadurch eine Aggression aufbauen, die ein Ventil benötigt.

Auch häufige Überstunden, gerade dann, wenn sie nicht geplant oder gewünscht sind, führen zu einer Unterbrechung des eigentlichen Lebensrhythmus, die sich negativ auswirken kann. Es gibt einen Grund, warum wir geregelte Arbeitszeiten haben. Wir brauchen Zeit für Entspannung, Sport, Essen und Schlaf. Denken Sie da an den Teller der Gesundheit, den ich im ersten Teil des Buches beschrieben habe.

In die gleiche Rubrik gehört auch die permanente Erreichbarkeit. Damit können Menschen sich nicht zu 100 Prozent auf sich und ihre Bedürfnisse einstellen, sondern rechnen immer mit einem Anruf, sind mit dem Kopf immer ein Stück weit bei der Arbeit.

Hier möchte ich rückblickend noch meine eigene Erfahrung einbringen. Ich berichtete davon, dass ich früher gern und viel klettern gegangen bin. Zu dieser Zeit war ich verantwortlich für die Organisation der Proben einer Oper. Die Regisseurin und gleichzeitig auch meine Intendantin war sehr fordernd, was mit einer hohen Flexibilität und permanenten Erreichbarkeit einherging. Ich habe damals zugestimmt unter der Bedingung, dass ich feste Zeitfenster zum Klettern erhalte, in denen ich nicht erreichbar bin. Sie stimmte zu. Da ich beim Klettern vollkommen im Moment sein musste, hatte ich gar keine Chance, an irgendwelche Aufgaben in Zusammenhang mit der Oper zu denken. So habe ich diese Zeit gut und gesund überstanden. Allerdings ging es auch um zeitlich befristete Freilichtaufführungen, also lediglich um den Zeitraum von gut zwei Monaten, sodass ich im Anschluss wieder geregeltere Arbeitszeiten hatte.

Zum Schluss folgen noch ein paar Aspekte, die mit der sozialen Interaktion und Bindung im Zusammenhang stehen:

- Konflikte und Spannungen

- fehlende oder autoritäre Führung

Wir sind alle unterschiedlich und es gibt Menschen, denen sind Spannungen egal. Andere aber leiden extrem unter Konflikten, egal ob diese sie selbst betreffen oder andere

Personen. Menschen, denen ein harmonischer Umgang sehr wichtig ist, kostet es extreme Kraft, wenn in ihrem Umfeld Spannungen herrschen. Das ist gerade dann der Fall, wenn sie selbst nichts tun können, um diese abzubauen. Deshalb ist es wichtig, auch das im Augenmerk zu behalten.

Auch wenn ich nicht davon ausgehe, dass Sie einen willkürlichen oder autoritären Führungsstil zeigen (denn in beiden Fällen würden Sie dieses Buch nicht lesen), möchte ich es hier ansprechen. Je nachdem, welches Naturell und welche Erfahrungen Menschen haben, reagieren sie unterschiedlich auf die Art und Weise, wie sie geführt werden. Wo die eine Person klare Anweisungen wünscht, braucht die andere genug Spielraum. Die Art der Führung hat selbstverständlich Auswirkungen auf das Wohlergehen der Mitarbeitenden.

Angenommen, zu Ihrem Team gehört ein Mitarbeiter, der aus beruflichen oder privaten Gründen um Entlastung bittet. Dann halte ich es für wichtig, dies in Ruhe mit ihm zu besprechen. Verdeutlichen Sie Ihre Unterstützung und Kooperation, weisen Sie gleichzeitig auf eine zeitliche Befristung hin. Idealerweise können Sie die Entlastung an eine Bedingung knüpfen. Denn auch hier besteht ein Zusammenhang zwischen dem Einzelnen und dem Team. Jede Entlastung, die Sie einzelnen Mitarbeitenden zugestehen, wird von anderen aufgefangen. Das kann, gerade auch bei längeren Belastungen, zu Unmut führen. Deshalb würde ich auch mit dem Betroffenen besprechen, was Sie aus seiner Sicht dem Team mitteilen dürfen und wie Sie die Umverteilung kommunizieren, damit sowohl Vertrauen als auch Transparenz gewahrt bleiben. Es ist und bleibt ein Prozess des Abwägens, und je klarer Sie Ihre

Position und Aufgabe kommunizieren, umso größer ist die Chance, dass Sie ein gutes Gleichgewicht erreichen. Sollte Ihnen dies einmal nicht so gut gelingen, dann verzeihen Sie sich bitte selbst. Sie sind auch nur ein Mensch, der sich bemüht. Dabei kann es zu Fehleinschätzungen kommen.

Womit wir beim nächsten Thema sind: beim Umgang mit Fehlern. **Fehler** sind **Helfer**, das können Sie schon erkennen, wenn Sie sich bewusst machen, dass beide Wörter aus den gleichen Buchstaben zusammengesetzt sind. Damit sie aber zu Helfern werden, ist es notwendig, Rückschlüsse zu ziehen und das Verhalten beim nächsten Mal zu verändern, also etwas anderes zu tun. Deshalb kommunizieren Sie klar, was Sie sich im Umgang mit Fehlern wünschen: Es ist okay, Fehler zu machen. Gleichzeitig ist es inakzeptabel, diese nicht zu identifizieren. Nur dann können Sie die Zusammenhänge analysieren und erkennen, woran es gelegen hat. Auf

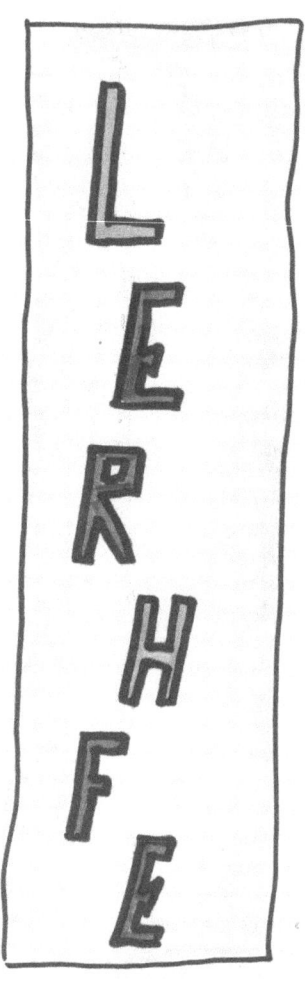

dieser Grundlage ist es erst möglich, aus ihnen zu lernen und neue Wege zu gehen.

Bitten Sie Ihre Mitarbeitenden, Fehler und Missstände mit Ihnen zu teilen. Danken Sie denjenigen, die den Mut haben, sie Ihnen zu nennen. Damit zeigen Sie Wertschätzung gegenüber den Menschen und deren Bereitschaft, sich Ihrem eventuellen Unmut auszusetzen. Im nächsten Schritt fragen Sie nach der Ursache und den Ideen, die der Mitarbeiter oder das Team für die Zukunft hat. Hören Sie sich erst die Vorschläge anderer an und bieten Sie nicht direkt einen eigenen Lösungsansatz an. Dies gilt selbst dann, wenn Sie einen solchen Ansatz haben. Denn nur so motivieren Sie andere zum selbstständigen Denken und Agieren. Loben Sie Einsatzfreude und Eigenständigkeit, schließlich wollen Sie nicht der Problemlöser vom Dienst sein. Damit werden Sie von einigem Druck befreit und gleichzeitig Ihre Mitarbeitenden gestärkt. Eine klassische Win-win-Situation.

Um diesen Weg gehen zu können, ist es notwendig, dass Sie Ihren Mitarbeitenden vertrauen. Es ist Ihre Aufgabe, es ihnen zu schenken. Stellen Sie fest, dass Ihr Vertrauen missbraucht wird, um es sich leicht zu machen, gilt es, einen klaren Richtungswechsel zu vollziehen. Wie weiter oben geschrieben, ist Vertrauen keine Einbahnstraße, sondern beruht auf einem Wechselspiel. Machen Sie deutlich, dass Sie nicht gewillt sind, Regelverstöße hinzunehmen bzw. sich vorführen zu lassen. Damit werden Sie sichtbar und einschätzbar. Ganz wichtig ist es, sich versöhnlich und kooperativ zu zeigen, wenn Ihre Botschaft angekommen ist und die adressierte Person das Verhalten ändert. Bitte seien Sie nicht nachtragend, das führt zu nichts. Ich empfehle Ihnen stattdessen, selbst klar, unparteiisch und prinzipientreu zu sein, Ihren Führungsansatz nicht durch Befindlichkeit kaputtzumachen.

Noch ein Hinweis zum Thema Kommunikation und abweichende Meinung: Vermeiden Sie nach Möglichkeit das Wort »aber«, wenn Mitarbeitende Ihnen Vorschläge unterbreiten, die von Ihren eigenen abweichen. Trainieren Sie sich lieber die Wörter »und« oder »gleichwohl« an. Denn »aber« kann immer wie eine kleine Ohrfeige wirken. Andere Worte sind neutraler und Sie können dennoch Ihren Standpunkt deutlich machen. Begründen Sie Ihre Entscheidung im Anschluss gern, allerdings ohne sich dafür zu rechtfertigen. Auf diese Weise laden Sie Ihre Mitarbeitenden ein, eigene Ideen mit Ihnen zu teilen und Vorschläge zur Verbesserung zu unterbreiten.

ZUSAMMENFASSUNG

- Gefährder für die Gesundheit lauern in den Bereichen Aufgaben, Organisation/Rahmenbedingungen und soziale Bindung.

- Entlastungen für Mitarbeitende sollten zeitlich befristet sein und eventuell mit einer Gegenleistung verknüpft werden.

- Fehler sind Helfer, wenn wir sie identifizieren, analysieren und unser Verhalten ändern.

  - Laden Sie Mitarbeitende ein, Missstände zu kommunizieren, zeigen Sie Ihre Wertschätzung für den Mut.

  - Ersetzen Sie »aber« durch »und« oder »gleichwohl«.

ABSCHLUSSBEMERKUNG

Zuerst möchte ich Ihnen danken, dass Sie mir und meinen Anregungen durch das gesamte Buch gefolgt sind. Es sind verschiedene Facetten, die mir und hoffentlich Ihnen wert sind, beachtet zu werden. Auch wenn das im ersten Moment etwas umfassend erscheint, denke ich, dass es notwendig ist, die Mehrzahl, wenn schon nicht alle, zusammenzufassen, damit Sie auf sich achten und eine inspirierende Führungspersönlichkeit werden.

Meine Empfehlung ist folgende: Beginnen Sie mit den Aspekten, bei denen Sie selbst merken, dass sich Ihre Gesundheit im Moment verbessern würde. Denn wie wollen Sie andere unterstützen, wenn Sie selbst nicht genug Energie haben? Und niemand motiviert andere besser als derjenige, der sich selbst vorbildlich verhält. Sprechen Sie darüber, was Sie für sich tun, zeigen Sie, dass Erholungsphasen und Fehler Teil des Lebens sind. Machen Sie deutlich, dass Sie selbst auch nicht auf einem Thron sitzen und über Schwächen erhaben sind. Zeigen Sie sich menschlich mit Ihren Stärken und Ihren Eigenarten. Machen Sie deutlich, dass auch Sie lernen und, wenn es notwendig ist, um Hilfe bitten, egal ob es dabei um Menschen in Ihrem Umfeld geht oder um professionelle Unterstützung. Das ist ganz normal, denn ansonsten bräuchte es ja keine Menschen wie mich, die andere beraten und coachen.

Erkennen Sie sich als Teil eines Systems und nehmen Sie wahr, dass alles, was Sie tun, Auswirkung auf andere hat, genauso wie das Verhalten anderer Auswirkung auf Sie hat. Gerade in Zeiten, in denen alles schneller zu gehen scheint, ist es wichtig, Ruhe zu bewahren und einen klaren Standpunkt beizubehalten. Die Erde wird sich noch eine ganze Zeit weiter bewegen, deshalb sollten wir eine gute Balance zwischen Gelassenheit und Aktivität wahren. Nehmen Sie sich wichtig, aber nicht zu wichtig.

Eines aber sollten Sie auf alle Fälle sehr wichtig nehmen: Ihre Gesundheit. Deshalb schließe ich dieses Buch mit einem Zitat von John Strelecky: »Darauf zu warten, bis wir krank sind, um endlich damit anzufangen, ein gesundes Leben zu führen, scheint mir ziemlich ineffektiv zu sein.«[65]

ÜBER DEN AUTOR

Ursprünglich wollte **Thorsten Donat** Journalist werden, aber der tägliche Umgang mit Katastrophenmeldungen und reißerischen Schlagzeilen war dann doch nicht das Richtige für ihn. Stattdessen ging er seinen eigenen Weg und verzichtete auf Karriere und feste Strukturen. Über den Tanz und das Schauspiel kam er schließlich zur Oper, wo er als Regisseur viel über den Umgang mit Stress und Menschen lernte. Nach weiteren Stationen am Theater als Leiter des künstlerischen Betriebsbüros und Chefdisponent drehte er die nächste Karte seines Blatts des Lebens um. Er absolvierte Ausbildungen zum Heilpraktiker, Gesundheitsberater und Business-Coach (IHK), bevor er selbst lehrte. Seit 2013 ist er als Trainer und Coach selbstständig und bildet mittlerweile Business- und Resilienz-Coaches aus.

Damit sein Wissen möglichst viele Menschen erreicht, veröffentlichte er 2019 sein erstes Buch »Eau de Vie – Essenzen meines Lebens«. Seit dem Januar 2021 erstellt er wöchentlich Podcast-Impulse zum Thema »Resilienz und Selbstwert«. Er lebt in der Nähe von Koblenz, wo sich auch seine Seminarräume befinden.

Wenn man Teilnehmende und Freunde fragt, was ihn auszeichnet, fallen regelmäßig die Begriffe: Authentizität, innere Ruhe, Wertschätzung und Engagement. In seinen Trainings für mehr Gesundheit und gelingende Kommunikation kommen gerade diese Eigenschaften perfekt zum Tragen.

Privat liebt er ausgiebige Spaziergänge mit seinem Hund. Aber auch seine Leidenschaft für Kochen und Backen verschafft ihm und seinen Liebsten angenehme Stunden.

QR-Code für den Download-Bereich:

www.thorstendonat.de/buch-pdfs/

QUELLENANGABEN

[1] Verfassung der Weltgesundheitsorganisation, Deutsche Übersetzung Unterzeichnet in New York am 22. Juli 1946 Ratifikationsurkunde von der Schweiz hinterlegt am 29. März 1947 Von der Bundesversammlung genehmigt am 19. Dezember 1946 Für die Schweiz in Kraft getreten am 7. April 1948 (Stand am 6. Juli 2020)

[2] Rosen Kellerman, Gabriella/Seligman, Martin (2023): Tomorrow mind – Das Toolkit für mentale Stärke, Gesundheit und mehr Freude an der Arbeit, 1. Auflage, Aniston Verlag, München, S. 111

[3] Lazarus, Richard S. (1966): Psychological stress an the coping process.; McGraw Hill, New York

[4] Lazarus Richard S./Folkman S. (1984): Stress, appraisal and coping. Springer Verlag, New York

[5] Werner, Emmy (1977): The Children of Kauai. A longitudinal study from the prenatal period to age ten. University of Hawai'i Press

[6] bezugnehmend auf: Die Geschichte der Positiven Psychologie, *https://www.dgpp-online.de/anfaenge-positive-psychologie* aufgerufen am 11.10.2023

[7] Deutschsprachiger Dachverband für Positive Psychologie – Kompakt https://dach-pp.eu/dach-pp-kompakt/ aufgerufen am 11.10.2023

[8] Deutsche Gesellschaft für Positive Psychologie: Judith Mangelsdorf *https://www.dgpp-online.de/dr-judith-mangelsdorf* aufgerufen am 11.10.2023

[9] Nico Rose: Pressemitteilungen *https://nicorose.de/presse_informationen/* aufgerufen am 11.10.2023

[10] Ebner Team – Team und Kooperationspartner *https://www.ebner-team.com/ueber-uns/team/* aufgerufen am 11.10.2023

[11] Wim Hof: A cold shower a day keeps the doctor away, *https://www.youtube.com/watch?v=6hzbHa7Rcm0* aufgerufen am 19.10.2023

[12] Ludwig Thoma im Interview, *https://www.spiegel.de/wirtschaft/der-wurm-muss-schmecken-a-02b71f27-0002-0001-0000-000013502072* aufgerufen am 12.10.2023

[13] Pastoral Blätter *https://www.herder.de/pb/hefte/archiv/2021/3-2021/bekannte-texte-predigen-gelassenheitsgebet-von-reinhold-niebuhr/*, Herder Verlag, aufgerufen am 12.10.2023

[14] Frankl Zentrum – Viktor Frankl Leben und Lehre *https://www.franklzentrum.org/zentrum/viktor-frankl-leben-und-lehre.html* aufgerufen am 12.101.2023

[15] Frankl, Viktor E. (2018): »… Trotzdem Ja zum Leben sagen« – Ein Psychologe erlebt das Konzentrationslager, 3. Auflage, Penguin Verlag, München

[16] Schmidt, Anne (2020): »Vagus Nerv Praxis Buch – Wie Sie Ihren Selbstheilungsnerv aktivieren, Depressionen überwinden und Schmerzen lindern können, S. 80 *https://d-nb.info/1210958651/34* aufgerufen am 19.10.2023

[17] Haidt, Jonathan (2022): Die Glückshypothese. Was uns wirklich glücklich macht: Die Quintessenz aus altem Wissen und moderner Glücksforschung, 7. Auflage, VAK Verlags GmbH, Kirchzarten, S. 19

[18] Kahneman, Daniel (2012): Schnelles Denken, langsames Denken; 18. Auflage, Siedler Verlag, München

[19] Wendsche, Johannes und Lohmann-Haislah, Andrea (2016): Psychische Gesundheit in der Arbeitswelt – Pausen. 1. Auflage. Bundesanstalt für Arbeitsschutz und Arbeitsmedizin, Dortmund; online verfügbar unter: *https://www.baua.de/DE/Angebote/Publikationen/Berichte/F2353-3b.html*

[20] Fredrickson, Barbara (2011): Die Macht der guten Gefühle: Wie eine positive Haltung Ihr Leben dauerhaft verändert, Campus Verlag, Frankfurt

[21] U.S. Department of Agriculture: Learn how to eat healthy with MyPlate *https://www.myplate.gov/* aufgerufen am 16.10.2023

[22] Dr. Dan Siegel: Healthy mind platter *https://drdansiegel.com/healthy-mind-platter/* aufgerufen am 16.10.2023

[23] Atemmeditation: Den Atem beobachten und zur Ruhe kommen *https://www.youtube.com/watch?v=Zo0jnXrQ8xs&t=17s*

[24] Schulz von Thun, Friedemann (2013): »Miteinander Reden Band 3«, 21. Auflage, Rowohlt Taschenbuch Verlag, Reinbek, S. 25 ff.

[25] Zitate berühmter Personen: *https://beruhmte-zitate.de/zitate/1960513-carl-r-rogers-das-seltsame-paradoxon-ist-dass-wenn-ich-mich-so/* aufgerufen am 16.10.2023

[26] Storch, Maja und Kühl, Julius (2017): Die Kraft aus dem Selbst – Sieben PsychoGyms für das Unbewusste, 3. Auflage, Hogrefe Verlag, Bern, S. 208 ff.

[27] Neff, Kristin (2012): Selbstmitgefühl. Wie wir uns mit unseren Schwächen versöhnen und uns selbst der beste Freund werden, 14. Auflage, Kailash Verlag, München

[28] Neff, Kristin (2012): Selbstmitgefühl. Wie wir uns mit unseren Schwächen versöhnen und uns selbst der beste Freund werden, 14. Auflage, Kailash Verlag, München, S. 160 f.

[29] TED-Blog: Being vulnerable about vulnerability: Q&A with Brené Brown *https://blog.ted.com/being-vulnerable-about-vulnerability-qa-with-brene-brown/comment-page-2/* aufgerufen am 16.10.2023

[30] Steptoe, A./Wardle, J./Marmot, M. (2005): Positive effect and health-related neuroendocrine, cardiovascular, and inflammatory processes, veröffentlicht in: PNAS, Vol. 102 | No. 18, May 3, 2005

[31] Flexibilität durch Dehnung *https://www.youtube.com/watch?v=9DZL7izZ-uU*

[32] Zitate berühmter Personen *https://beruhmte-zitate.de/zitate/1301071-mark-aurel-auf-die-dauer-der-zeit-nimmt-die-seele-die-farbe-d/* aufgerufen am 16.10.2023

[33] TED Ideas worth spreading: Your body language may shape who you are *https://www.ted.com/talks/amy_cuddy_your_body_language_may_shape_who_you_are* , aufgerufen am 16.10.2023

[34] Sage Journals – Perspectives on Psychological Science *https://journals.sagepub.com/doi/full/10.1177/1745691620919358* aufgerufen am 19.10.2023

[35] Amy Cuddy: TED Talk – Fake it till you make it *https://www.youtube.com/watch?v=RVmMeMcGc0Y* ab Minute 13:01, aufgerufen am 16.10.2023

³⁶ Heath, Chip und Dan (2021): SWITCH – Veränderungen wagen und dadurch gewinnen, 5. Auflage, Fischer Taschenbuch Verlag, Frankfurt

³⁷ Gabler Wirtschaftslexikon BWL – VUCA *https://wirtschaftslexikon.gabler.de/definition/vuca-119684* aufgerufen am 16.10.2023

³⁸ Edmondson, Amy C. (2021): Die angstfreie Organisation - Wie Sie psychologische Sicherheit am Arbeitsplatz für mehr Entwicklung, Lernen und Innovation schaffen, 1. Nachdruck, Verlag Franz Vahlen GmbH, München, S. 31

³⁹ Sunim, Haemin (2019): Die schönen Dinge siehst du nur, wenn du langsam gehst, 5. Auflage, Wilhelm Goldmann Verlag, München, S. 137

⁴⁰ zitiert nach: Nowak, Nikodem (2018): Das Buch der Zitate: Sprichwörter und Zitate von A–Z – Damals bis Heute, Eigene Veröffentlichung des Autors, Kassel, S. 31

⁴¹ The Harvard Business Review Guide – The art of active listening *https://www.youtube.com/watch?v=aDMtx5ivKK0&t=59s* aufgerufen am 17.10.2023

⁴² My cords – Ella Henderson: Ugly *https://mychords.net/en/ella-henderson/164581-ella-henderson-ugly.html*, Zeile 23

⁴³ Henderson, Ella (2022): Ugly (veröffentlicht auf »Everything I didn't say«), Warner Music UK

⁴⁴ Edmondson, Amy C. (2021): Die angstfreie Organisation – Wie Sie psychologische Sicherheit am Arbeitsplatz für mehr Entwicklung, Lernen und Innovation schaffen, 1. Nachdruck, Verlag Franz Vahlen, München

[45] Zitate berühmter Personen: *https://beruhmte-zitate.de/zitate/ 2106100-thomas-alva-edison-ich-habe-nicht-versagt-ich-habe- nur-10000-arten/* aufgerufen am 17.10.2023

[46] zitiert nach: Edmondson, Amy C. (2021): Die angstfreie Organisation – Wie Sie psychologische Sicherheit am Arbeitsplatz für mehr Entwicklung, Lernen und Innovation schaffen, 1. Nachdruck, Verlag Franz Vahlen, München, S. 146

[47] RauenGroup – Rezension von Dr. Christine Karl *https://www.rauen.de/coaching-report/rezension/humble-inquiry.html* aufgerufen am 17.10.2023

[48] Schmid, Bernd und Messmer, Arnold: isb Systemische Professionalität – Auf dem Weg zu einer Verantwortungskultur im Unternehmen, *https://www.isb-w.eu/campus/medien/ schriften/2004SI0068D_068AufDemWegZuEinerVerantwortungs- kulturImUnternehmen-Schmid-Messmer_2004.pdf* aufgerufen am 19.10.2023

[49] Edmondson, Amy C. (2021): Die angstfreie Organisation – Wie Sie psychologische Sicherheit am Arbeitsplatz für mehr Entwicklung, Lernen und Innovation schaffen, 1. Nachdruck, Verlag Franz Vahlen, München, S. 18

[50] Seligman, Martin (2013): Flourish – A visionary and new understanding of happiness and well-being, Atria Paperback, New York, S. 237

[51] Niemiec, Ryan M. (2019): Charakterstärken – Trainings und Interventionen für die Praxis, 1. Auflage, Hogrefe Verlag, Bern, S. 46 f.

[52] Niemiec, Ryan M. (2019): Charakterstärken – Trainings und Interventionen für die Praxis, 1. Auflage Hogrefe Verlag, Bern, S. 29 ff.

[53] VIA Character Organization *https://www.viacharacter.org/character-strengths* aufgerufen am 17.10.2023

[54] Antonovsky, Aaron (1997): Salutogenese – Zur Entmystifizierung der Gesundheit, dgvt Verlag, Tübingen

[55] Bernstein, Ethan S. (2012): The Transparency Paradox: A Role for Privacy in Organizational Learning and Operational Control, in Administrative Science Quarterly 57, S. 181–216

[56] Handout für die Teilnehmenden der Ausbildung zum Business-Coach (IHK), The Key Community, S. 3

[57] Universität Witten Herdecke – News *https://www.uni-wh.de/detailseiten/news/studien-zu-burnout-sinn-und-wohlergehen-promovenden-am-igvf-legen-erste-publikationen-vor-9172/* aufgerufen am 18.10.2023

[58] Sinek, Simon (2022): Frag immer erst: Warum. Wie Führungskräfte zum Erfolg inspirieren, 10. Auflage, Redline Verlag, München

[59] angelehnt an Rosen Kellerman, Gabriella/Seligman, Martin (2023): Tomorrow mind – Das Toolkit für mentale Stärke, Gesundheit und mehr Freude an der Arbeit, 1. Auflage, Aniston Verlag, München, S. 124

[60] Blickhan, Daniela (2018): Positive Psychologie – Ein Handbuch für die Praxis, 2. überarbeitete Auflage, Junfermann Verlag, Paderborn, S. 174 ff.

[61] Rose, Nico (2021): Management Coaching und Positive Psychologie – Stärken stärken, sinnvoll wachsen, 1. Auflage, Haufe Verlag, Freiburg, S. 166 ff.

[62] in Anlehnung an Höhn, Sonja (2016): Führung und Psyche – Früherkennung, Handlungsansätze, Selbstschutz: Zentrale Erkenntnisse zum Umgang mit psychischen Gefährdungen am Arbeitsplatz, managerSeminare Verlag, Bonn, S. 25

[63] Blickhan, Daniela (2018): Positive Psychologie – Ein Handbuch für die Praxis, 2. überarbeitete Auflage, Junfermann Verlag, Paderborn, S. 322

[64] Schmidt, Thomas u. a. (2011): Konfliktmanagement-Trainings erfolgreich leiten, 3. überarbeitete Auflage, managerSeminare Verlag, Bonn, S. 156 ff.

[65] Strelecky, John (2016): Wenn du Orangen willst, suche nicht im Blaubeerfeld, 3. Auflage, dtv Verlagsgesellschaft GmbH, München, S. 54

Entdecke
weitere Bücher in unserem
Online-Shop

www.remote-verlag.de

Finde deinen Ratgeber!